环境化学实验

U0250277

主　编　吴　峰
副主编　李进军　肖　玫　张　琳

武汉大学出版社

图书在版编目(CIP)数据

环境化学实验/吴峰主编. —武汉:武汉大学出版社,2014.8
ISBN 978-7-307-12713-5

Ⅰ.环… Ⅱ.吴… Ⅲ.环境化学—化学实验 Ⅳ.X13-33

中国版本图书馆 CIP 数据核字(2014)第 001977 号

封面图片为上海富昱特授权使用(© IMAGEMORE Co. , Ltd.)

责任编辑:谢文涛 责任校对:汪欣怡 版式设计:马 佳

出版发行:**武汉大学出版社** (430072 武昌 珞珈山)
(电子邮件:cbs22@ whu. edu. cn 网址:www. wdp. whu. edu. cn)
印刷:湖北金海印务有限公司
开本:787×1092 1/16 印张:12 字数:279 千字 插页:1
版次:2014 年 8 月第 1 版 2014 年 8 月第 1 次印刷
ISBN 978-7-307-12713-5 定价:26.00 元

前　言

　　本教材是为环境科学专业基础性实验课程《环境化学实验》的教学编写的，全书共 25 章，除了概论外，共包括 24 个实验，其内容涉及环境化学基本实验技能、典型污染物的分析方法与仪器运用、污染物的环境行为研究及污染控制的化学原理与方法等方面。通过本教材和《环境化学实验》课程的学习使学生掌握环境化学实验的基本知识、基本操作和分析测定方法，应用所学理论知识指导实验程序；培养综合实验和分析解决问题的能力；培养严谨的科学作风和合作精神，为今后的学习和研究打下良好基础。

　　本教材编写工作的完成与武汉大学环境科学系建系以来《环境化学实验》相关课程主讲教师如柳大志、田世忠、邓南圣、韦进宝与钱沙华等教授的长期教学与科研积累分不开的，尤其是邓南圣教授近二十年来在《环境化学实验》课程建设中付出了辛勤的劳动，为本教材的编写奠定了坚实的基础。在此，我们表示真诚的感谢。本教材的出版也得益于武汉大学出版社谢文涛编辑的大力支持和辛勤耕耘，我们深表谢意。

　　本教材编写工作的分工是：吴峰编写第 1、9、11、14、20、21、22、23、24 和 25 章；李进军编写 2、4、5、8、10 与 16 章；肖玫编写 6、7、15、17 与 18 章；张琳编写 3、12、13 与 19 章。参加编写与相关实验工作的还有徐晶、于英潭、丁魏、吉冰冰、周伟莉与陆晓飞等研究生。在此一并表示感谢。由于编者水平有限，书中难免有不当之处甚至错误，敬请读者不吝赐教。

编　者

2013 年 6 月于武汉大学

目　　录

第一章　概　　论

　　人类进入工业化时代以后，改造客观世界的能力大大增强。世界各国工业迅速发展，人民的生活水平不断提高。与此同时，地球上的各种资源和能源被大量地消耗，各种化学品被制造和使用，大量的废弃物和化学品排放到自然环境。长期以来，人类对自身的生产、生活活动排放到环境中的化学物质会造成什么样的后果没有清楚的认识，由此产生了一系列的污染事件或称环境公害事件。

　　人类各种活动或自然因素作用于环境而使环境质量发生变化，以及这种变化反过来对人类的生产、生活产生不利影响的这一类问题称为环境问题。除了环境污染这一类的局部环境问题外，人类当前还面临诸如平流层臭氧损耗、温室效应、酸雨等许多全球性环境问题。这些问题的产生或多或少与化学物质及其环境行为有关，它们对人类的生产、生活以及自身的健康造成了不利的影响，甚至威胁人类社会的发展。

　　20世纪50年代以来，人类一直在寻求解决环境问题的各种办法，环境科学应运而生。环境化学作为环境科学的分支学科，在人类解决环境污染问题和全球环境问题的过程中逐步形成和不断发展。在人类保护环境、实现可持续发展的各种努力中，环境化学起着十分重要的作用。环境化学已经成为以化学物质引起的环境问题为研究对象，以解决环境问题为目标，研究化学物质在环境中的来源、存在、化学特性、行为和效应的化学原理和方法的学科。

一、环境化学的研究方法

　　在环境化学发展的早期，人们关注人类各种活动所排放的化学污染物引起的环境问题，如伦敦烟雾、洛杉矶光化学烟雾、日本水俣病等。在这一时期，环境化学也称环境污染化学，研究内容概括起来主要有：建立环境中微量和痕量化学污染物的分析方法，测定各环境介质中化学污染物的含量与分布，化学污染物在环境介质中的迁移、转化，化学污染物的毒性与危害等。现在这些内容成为了环境化学课程教学的基本内容。

　　随着全球环境问题的出现，环境化学的研究更加深入，范围日益扩大。不仅研究化学污染物所引发的环境问题，而且关注天然产生的化学物质在环境中发生的化学过程，研究进入到环境介质中的化学污染物对这些背景过程的影响、扰动及其所产生的环境问题等。例如，人造的氯氟烃(氟利昂)进入平流层后，由光引发其发生光化学反应，造成对臭氧的破坏；化石燃料的燃烧对大气二氧化碳温室效应的影响及其带来的全球气候变化问题等。

　　几十年来，经世界各国学者的不懈努力，环境化学这一门年轻的学科得到了长足的发展，其研究方法已经基本形成。如果按其所属的分支学科划分，这些方法可大致分为环境分析化学(包括形态分析方法)的方法、环境化学动力学的方法、环境化学热力学的方法、环境计量学方法、环境毒理学与生态毒理学等研究方法。从方法学角度看,这些方法多数属于实验室模拟研究的范畴。

例如,欲了解环境中化学物质(包括人类活动排放的污染物和天然存在的化合物)的含量、分布与形态,可采用环境分析化学的研究方法,包括各种环境样品的前处理方法,环境标准样品的应用,环境中各种微量、痕量化学物质的测定方法,环境中化学物质形态分析方法,能够给出某些化合物的时空分布状况的实时、在线分析方法等。

为确定化学物质在环境中的持久性,可采用环境化学动力学的方法,测定化合物在环境中的反应动力学常数,从而确定污染物的降解速率和半衰期;也可采用环境计量学的方法,建立相应的数学模型,通过估算确定。

为获得化合物的环境行为参数,可采用环境化学热力学的方法,通过实验,测定有机化合物的亨利定律常数等化合物在不同环境介质之间的分配系数等。还可采用环境计量学的定量结构活性相关(Quantitative Structure Activity Relationship,QSAR)方法进行估算。欲了解化合物在环境介质中分布与迁移的状况,可采用基于环境化学热力学原理和环境动力学原理建立的各种模型(如逸度模型)进行计算。

为了解化合物在环境介质中的化学转化,可采用环境分析化学方法,在实验室内,对在模拟条件下化学物质发生化学反应过程不同阶段的产物,应用现代的化学成分分析、鉴定方法进行研究,从而确立所研究的化合物化学转化的途径与最终产物。也可以采用实验室建立的环境模拟系统(如微宇宙系统、光化学烟雾箱)进行研究。

为了解污染物对生物和生态系统的影响,通常采用环境毒理学、生态毒理学、生态风险评估等研究方法。而这部分研究方法与生物学方法密切相关。

对化合物在全球环境系统中的分布、迁移、转化的状况,则可采用环境计量学的方法,应用或建立计算模型,在大型计算机上进行模拟研究。

环境化学的研究方法发展至今,经历了建立、完善、创新的过程,这是一个反复循环、不断推进的过程。化学、毒理学等学科的学者利用本学科的研究方法探究化学污染物引起的环境污染问题,逐步建立了环境化学研究方法,随着研究的深入,这些研究方法不断得到完善,并且在解决层出不穷的环境问题的过程中,不断建立与完善新的研究方法。

二、课程学习的基本要求

环境化学源自化学,但与之有很大的差别,它研究的是在自然环境中的化学物质、所发生的化学过程及其产生的环境问题。从上面简要的介绍可知,环境化学涉及的知识面广,既有化学、物理学、数学方面的知识,还有生物学、毒理学、计算机等方面的知识。要学好环境化学,除了要学好理论知识外,还应学好与掌握进行环境化学研究的实验基本知识和基本技能,这样才能为今后的研究工作和服务社会打下较坚实的基础。

环境化学实验是环境科学专业大学本科的一门重要的专业基础实验课程,它既是理论课程《环境化学》的补充,也是相对独立的一门课程,它将通过各种类型的实验,使同学们加深对理论知识的理解,了解开展环境化学研究的基本步骤,掌握环境化学实验中样品采集、前处理等基本操作单元的原理与方法,基本掌握常用仪器、设备的操作。

通过这一门课程的学习，同学们应掌握的基本知识和技能可以归纳为以下几个方面。

(一) 基本知识

1. 环境样品的采集

自然环境是一个复杂的多介质系统，例如大气，就是由气相、液相和固相组成的系统。因此，化合物在自然环境中的存在状态也是复杂的。环境化学研究的开展，首先要解决的问题是环境样品的采集。所涉及的知识有环境样品采样点的确定，采样方法及所需的仪器、设备，采集样品的保存方法等。这部分的知识与环境监测有密切关系。

2. 环境样品前处理

采集到的环境样品包含了复杂的化学品，但我们可能只要对其中的某一个或几个甚至某一类化合物进行研究；另外，样品中的基质和其他的成分有可能干扰我们的研究工作。因此，必须对环境样品进行前处理。涉及的知识包括目标化合物与环境基质的分离，目标化合物的富集，环境样品的净化，环境样品的浓缩等。

3. 化合物基本环境参数的获取和测定

为了开展环境热力学、环境动力学、环境计量学等方面的研究，需要获得化合物各种环境参数，如正辛醇分配系数(K_{ow})、反应动力学常数、分配系数等。涉及的知识有如何从相关的数据手册获得已经有的环境参数，如何测定化合物的环境参数，如何通过相应的计算模型计算，以获得所研究化合物的环境参数等。

4. 化学成分测定与鉴定

为了了解环境中化合物的含量，化合物在环境中的迁移、转化情况，必须掌握化学成分测定与鉴定的知识。一方面，要掌握常用仪器分析方法(如原子吸收分光光度法、气相色谱法、高效液相色谱法、可见-紫外分光光度法、红外分光光度法、荧光分光光度法、核磁共振光谱法等)的基本原理，要了解这些方法的特点、应用的对象、应用的范围及其局限性。另外，还应对一些新的联用技术，如气相色谱-质谱联用，高效液相色谱-质谱联用等方法，要有一定的了解。

5. 实验数据处理的方法

如何正确地处理环境化学实验获得的大量数据，从而准确地表达实验结果，这需要掌握好实验数据的处理方法。涉及的知识有数理统计基本原理及其相关计算机软件的运用，分析误差理论，光谱图(如 UV、IR、NMR、MS)的解析。

(二) 基本技能

1. 样品采集装置的使用

这些采样装置有：大气颗粒物采样器、气溶胶采样器、水采样器、沉积物采样器，要了解对不同的环境样品，应采用何种采样装置进行样品的采集。例如，对大气环境样品，欲研究大气中的总悬浮颗粒物，应采用大气颗粒物采样器，为研究气溶胶测定可采用气溶胶采样器等。

2. 样品前处理的操作

样品前处理的基本单元操作有环境样品的净化，目标化合物与基质的分离，目标化合物的富集与浓缩等。例如，水样品中目标化合物的提取，可采用液-液萃取方法、固体吸附剂吸附方法等。固体基质中目标化合物的提取，可采用索氏提取器提取方法、振荡提取方法等。提取后样品的净化，对液体样品，可采用液-固相色谱法等。对于采用有机溶剂提取后体积较大的液体样品，可采用 KD-浓缩器或氮吹仪除去大部分溶剂。另外，近年发展的集样品前处理、提取、富集与分析为一体的固相微萃取方法，大大简化了样品前处理的繁琐步骤，节约了时间，提高了分析检测限。

3. 仪器的操作

通过环境化学实验课，一方面，应加深对环境化学常用仪器(如可见-紫外分光光度计、气相色谱仪、原子吸收分光光度计等)、设备基本原理的理解；另一方面，还要掌握实际操作这些仪器的基本技能，能够较为熟练地操作这些仪器与设备。

4. 环境化学常用软件的使用

在进行环境化学研究或处理实验数据时，要运用许多计算机软件，例如化学作图软件(Chemical Draw)、统计与作图软件(Origin)、环境介质分配平衡软件(EPI Suite，Fugacity Model)等。

总而言之，环境化学是一门实践性很强的学科，只学好理论课程是远远不够的，必须重视环境化学实验课程的学习。

参考文献

Boehnke D N, Delumyea R D. Laboratory Experiments in Environmental Chemistry. London：Prentice Hall，1999.

第二章　大气中臭氧的测定与性质

臭氧是氧气的同素异形体，化学式为 O_3，常温常压下为天蓝色气体，有鱼腥味。臭氧是大气中的痕量组分之一，主要分布在平流层，能吸收绝大多数对人体有害的短波紫外线，防止其到达地球表面，是人类赖以生存的保护屏障。在对流层中，微量臭氧决定了 $HO\cdot$ 和 $NO_3\cdot$ 等活性自由基的产生，其本身也是强氧化剂，对近地大气中的很多天然和人为释放的污染物的清除起到了重要作用，如 CH_4、CO、NO_x 及挥发性有机物（VOCs）等，避免了这些物质在大气中的累积。然而，在浓度过高的情况下，对流层中的臭氧则成为污染物，对生态系统和人类健康产生负面影响。在 20 世纪之前，对流层中的臭氧 90% 来自平流层的输送，其他 10% 来自对流层中光化学反应。然而，随着工业的发展，人类活动对于对流层臭氧的扰动显著增加，表现为光化学反应导致臭氧在对流层积累。汽车尾气和工业排放所产生的氮氧化物（NO_x）以及挥发性有机物（VOCs）发生光化学反应是对流层生成臭氧的主要原因。在严重的情况下形成的光化学烟雾中，臭氧的浓度可达 85%，因而光化学烟雾显出淡蓝色。光化学烟雾是一种氧化性很强的烟雾，对人体呼吸系统、植物生长等都会产生很强的破坏作用。此外，由于臭氧具有非常强的氧化性，可以用于杀菌消毒或污水处理等。近年来，大量的臭氧产品问世，应用于冰箱除味、蔬菜水果消毒、卫生间除臭、办公室除烟等，对室内空气带来的环境风险不容忽视。因此，臭氧浓度是室内空气及大气环境监测的重要内容，也是评估空气质量的重要指标。

一、目的与要求

（1）学习臭氧的基本性质；

（2）掌握测定空气中臭氧浓度的紫外光度法；

（3）掌握测定空气中臭氧浓度的靛蓝二磺酸钠分光光度法。

二、基本原理

紫外光度法和靛蓝二磺酸钠分光光度法是常用的大气中臭氧浓度的测定方法。

紫外光度法的物理基础是臭氧对紫外线的特征吸收。臭氧能吸收短波紫外区（200～300nm）哈特雷波段的紫外光，在约 253.7nm 处具有最大吸收。臭氧对紫外线的特征吸收遵循朗伯-比尔（Lambert-Beer）定律，即当波长为 253.7nm 的紫外线通过含臭氧的气体吸收池时，吸光度与臭氧的浓度和吸收池光程成正比，因此，可以根据吸光度计算得到臭氧浓度。紫外光度法已被我国作为环境空气中臭氧测定的标准方法（HJ 590—2010）。

紫外光度法的基本检测过程如下：恒定流速的待测空气经过除湿和颗粒物过滤后，分成两路：一路为样品空气，另一路通过选择性臭氧洗涤器除掉臭氧后成为零空气（即不含臭氧、氮氧化物、碳氢化合物及任何其他能产生紫外吸收的物质的空气），样品空气和零空气交替进入样品吸收池，或分别进入吸收池和参比池。分别检测波长为253.7nm的紫外线通过样品空气和零空气后的光强度，根据朗伯-比尔定律公式(2-1)计算样品空气中臭氧的浓度。

$$\ln(I/I_0) = -a \times d \times c \qquad (2\text{-}1)$$

式中：

I_0——零空气通过吸收池(或参比池)后的光强度；

I——样品空气通过吸收池后的光强度；

I/I_0——样品的透光率；

a——臭氧在253.7nm处的吸收系数，$a = 1.44 \times 10^{-5} \, m^2/\mu g$；

d——吸收池的光程，m；

c——采样温度压力条件下臭氧的质量浓度，$\mu g/m^3$；

紫外光度法适用于环境空气中臭氧的瞬时测定，也适用于大气中臭氧的连续检测。

靛蓝二磺酸钠分光光度法检测大气中的臭氧浓度依据的也是朗伯-比尔定律。不同之处在于本方法中空气中的臭氧先被靛蓝二磺酸钠(IDS)溶液吸收，臭氧与靛蓝二磺酸钠按等摩尔计量比反应，生成靛红磺酸钠，用分光光度计测量吸收液在610nm处的吸光度，计算靛蓝二磺酸钠的残余浓度，继而计算生成的靛红二磺酸钠和被吸收的臭氧的量，从而可以计算得到空气中臭氧的浓度。靛红二磺酸钠分光光度法也被我国作为测定空气中臭氧浓度的标准方法(HJ 504—2009)。靛蓝二磺酸钠分光光度法相对复杂，适用于大气中以及相对密闭环境(如室内、车内等)空气中臭氧浓度的测定。

三、仪器与试剂

(一)紫外光度法

1. 采样管

须用不与臭氧发生化学反应的惰性材质，如玻璃、聚四氟乙烯等。尽量采用短的采样管，缩短样品空气在管线中的停留时间。

2. 颗粒物过滤器

由滤膜及支架组成。滤膜的材质为聚四氟乙烯，孔径为5μm，通常新滤膜需要在工作环境中适应5~15 min后再使用。

3. 零空气

可以由零气钢瓶或者零气发生装置提供。不同来源的零空气可能含有不同的残余物质，因此，向光度计提供零气的气源须与发生臭氧所用的气源相同。

4. 环境臭氧分析仪

主要由以下几部分组成：

(1)紫外吸收池：由不与臭氧反应的惰性材质构成。

(2)紫外光源灯：紫外发射光集中在253.7nm处。

(3)紫外检测器：能定量接收波长在253.7nm处辐射的99.5%的光。

（4）带旁路阀的涤气器：能选择性地去除空气流中的臭氧。

（5）采样泵：安装在气路末端，抽吸空气流过臭氧分析仪，能保持流量为 1 ~ 2 L/min。

（6）气体流量控制器：可适当调节流过臭氧分析仪的空气流量。

（7）气体流量计：测定流量范围为 1 ~ 2 L/min。

（8）温度指示器：能测量紫外吸收池中气体的温度，准确度为±0.1℃。

（9）压力指示器：能测量紫外吸收池内的气体压力，准确度为±0.2 kPa。

典型的紫外光度法臭氧测量系统示意图如图 2-1 所示。

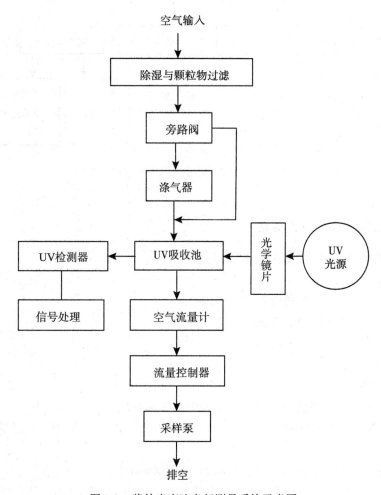

图 2-1　紫外光度法臭氧测量系统示意图

5. 校准设备

主要由以下几部分组成：

（1）气体流量计。

(2)气体流量控制器。

(3)紫外校准光度计。必须放在干净、专用的试验室内，并且固定、避免震动。只能通入清洁、干燥、过滤过的气体，而不可以直接测定环境空气。可将紫外校准光度计通过传递标准作为现场校准的标准。

(4)臭氧发生器。能稳定、均匀的发生接近系统上限浓度的臭氧，作为传递标准使用。

(5)紫外臭氧分析仪。构造与环境臭氧分析仪相同，作为传递标准使用。

(6)输出多支管。使用硅硼玻璃或聚四氟乙烯等臭氧惰性材质。

典型的紫外光度计校准系统示意图如图 2-2 所示。

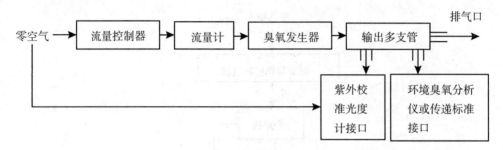

图 2-2　臭氧校准系统气路示意图

(二)靛蓝二磺酸钠分光光度法

(1)分光光度计(能测波长 610nm 处吸光度)。

(2)比色皿(20mm)。

(3)空气采样器(流量范围为 0~1.0 L/min)。

(4)多孔玻板吸收管(内装 10mL 吸收液)。

(5)具塞比色管(10mL)。

(6)水银温度计。

(7)恒温水浴。

(8)$KBrO_3$ 标准储备溶液($c(1/6KBrO_3) = 0.1000mol/L$)。

将优级纯的溴酸钾于 180℃烘 2h，称取 1.3918g 溶于水，移入 500mL 容量瓶，定容至标线。

(9)$KBrO_3$-KBr 标准溶液($c(1/6\ KBrO_3) = 0.0100mol/L$)。

吸取 10.00mL $KBrO_3$ 标准储备液置于 100mL 容量瓶中，加入 1:0g KBr，定容至标线。

(10)$Na_2S_2O_3$ 标准储备溶液($c(Na_2S_2O_3) = 0.1000mol/L$)。

(11)$Na_2S_2O_3$ 标准工作溶液($c(Na_2S_2O_3) = 0.0050mol/L$)。

用新煮沸并冷却到室温的水稀释 $Na_2S_2O_3$ 标准储备溶液制备，现配现用。

(12)H_2SO_4 溶液(1+6(V/V))。

(13)淀粉指示剂溶液。

称取 0.20g 可溶性淀粉，用少量水调成糊状，慢慢倒入 100mL 沸水中，煮沸至溶液澄清。

（14）磷酸盐缓冲溶液（$c(KH_2PO_4-Na_2HPO_4)=0.050mol/L$）。

称取 6.8g KH_2PO_4 和 7.1g Na_2HPO_4，溶于水，稀释至 1000mL。

（15）靛蓝二磺酸钠（$C_{16}H_{18}Na_2O_8S_2$，简称 IDS，分析纯、化学纯或生化试剂）。

（16）IDS 标准储备溶液。

称取 0.25g IDS 溶于水，用水稀释至 500mL，摇匀，24h 后标定。此溶液于 20℃ 以下暗处存放可稳定两周。

标定方法：取 20.00mL IDS 标准储备液置于 250mL 碘量瓶中，加入 20.00mL $KBrO_3$-KBr 标准溶液，再加入 50mL 水，盖好瓶塞，放入 16±1℃ 水浴中，经过足够长时间使温度达到平衡后，加入 5.0mL H_2SO_4 溶液，立即盖好瓶塞，在 16±1℃ 水浴中避光反应 35±1 min。然后加入 1.0g KI，盖好瓶塞并摇匀至完全溶解，避光放置 5 min。用 $Na_2S_2O_3$ 标准工作液滴定至红棕色刚好褪至淡黄色，加入 5mL 淀粉指示剂，溶液变成蓝色，用 $Na_2S_2O_3$ 标准工作液滴定至蓝色消褪至亮黄色。记录所消耗的 $Na_2S_2O_3$ 标准工作溶液的体积。

标定 IDS 过程中发生的化学反应如下：

$$KBrO_3+5KBr+3H_2SO_4=3K_2SO_4+3Br_2+3H_2O$$
$$Br_2+2KI=I_2+2KBr$$
$$I_2+2Na_2S_2O_3=2NaI+Na_2S_4O_6$$
$$C_{16}H_{18}Na_2O_8S_2+2Br_2=2C_8H_9NaO_4SBr_2$$

O_3 与 IDS 等摩尔反应，故每毫升 IDS 溶液相当于 O_3 的质量浓度 $c(\mu g/mL)$ 可按式（2-2）计算：

$$c=\frac{c_1V_1-c_2V_2}{V}\times12.00\times10^3 \qquad (2-2)$$

式中：

c——每毫升 IDS 溶液相当于 O_3 的质量浓度，$\mu g/mL$；

c_1——$KBrO_3$-KBr 标准溶液的浓度 $c(1/6\ KBrO_3)$，mol/L；

V_1——$KBrO_3$-KBr 标准溶液的体积，mL；

c_2——滴定用 $Na_2S_2O_3$ 标准溶液的浓度 $c(Na_2S_2O_3)$，mol/L；

V_2——滴定用 $Na_2S_2O_3$ 标准溶液的体积，mL；

V——IDS 标准储备溶液的体积，mL；

12.00——臭氧的摩尔质量（$1/4O_3$），g/mol。

（17）IDS 标准工作溶液。

将标定后的 IDS 标准储备溶液用磷酸盐缓冲溶液稀释成每毫升相当于 1.0μg 臭氧的 IDS 标准工作溶液。此溶液于 20℃ 以下避光存放可稳定一周。

（18）IDS 吸收液。

取适量 IDS 标准储备溶液，根据空气中臭氧浓度的高低，用磷酸盐缓冲溶液稀释成每毫升相当于 2.5μg 或 5μg O_3 的 IDS 吸收液。此溶液于 20℃ 以下避光存放，可使用一个月。

四、实验步骤

(一)紫外光度法

1. 臭氧分析仪的校准

根据实验室条件，可选用臭氧发生器类型的传递标准或者臭氧分析仪类型的传递标准作为环境臭氧分析仪的工作标准。

(1)用紫外校准光度计校准臭氧发生器类型的传递标准。

①按图 2-2 连接零空气、臭氧发生器和紫外校准光度计，通电使整个系统充分预热至稳定。

②零点调整。

调节零空气的流量，使零空气流量超过接在输出多支管上的紫外校准光度计和臭氧分析仪的总需要量，以保证无环境空气从多支管倒吸。调节臭氧发生器的零点电位器至零。

③跨度调节。

调节臭氧发生器，使产生所能发生的最高摩尔分数的臭氧，记录紫外校准光度计显示的臭氧浓度稳定响应值 c_m。调节臭氧发生器的跨度电位器，使之与紫外校准光度计显示的浓度值一致。如果跨度调节对零点产生影响，则应重复多次进行零点调整和跨度调节，直至不做任何调节，臭氧发生器显示浓度值和紫外校准光度计保持一致为止。

④多点校准。

调节进入臭氧发生器的零空气流量，产生不同浓度的臭氧(至少 4 个不同浓度点，不包括零浓度点和满量程点)，记录紫外校准光度计测定的每个浓度点浓度值。按公式(2-3)计算每个浓度点的线性误差：

$$E_i = \frac{c_0 - c/R}{c_0} \times 100\% \tag{2-3}$$

式中：

E_i——各浓度点的线性误差,%；

R——稀释率，等于初始浓度时零空气流量除以特定浓度点零空气总流量；

c_0——初始的臭氧浓度，mg/m^3；

c——稀释后的臭氧浓度，mg/m^3。

各浓度点的线性误差必须小于 ± 3%，否则，检查流量稀释的准确度。

(2)用紫外校准光度计校准臭氧分析仪类型的传递标准。

按图 2-2 连接零空气、臭氧发生器、紫外校准光度计和紫外臭氧分析仪，按与校准臭氧发生器类型的传递标准相同的步骤，进行零点调节、跨度调节和多点校准，紫外校准光度计和紫外臭氧分析仪同时进行浓度测定，以紫外校准光度计的测量值对应紫外臭氧分析仪的响应值作图，用最小二乘法绘制校准曲线。校准曲线的斜率应在 0.97 ~ 1.03 之间，截距应小于满量程的±1%，相关系数应大于 0.999。紫外臭氧分析仪作为传递标准使用时，不可同时用于环境空气检测。

(3)用传递标准校准环境臭氧分析仪。

按图 2-2 连接零空气、臭氧发生器、环境臭氧分析仪和作为传递标准的紫外臭氧分析仪，按与校准传递标准相同的步骤，依次进行零点调节、跨度调节和多点校准，同时记录环境臭氧分析仪显示的浓度值和环境标准对应的浓度值。以传递标准的参考值对应环境臭氧分析仪的响应值作图，以最小二乘法绘制校准曲线。校准曲线的斜率应在 0.95 ~ 1.05 之间，截距应小于满量程的 ±1%，相关系数应大于 0.999。

2. 环境空气中臭氧的测定

接通电源，打开仪器主电源开关，仪器预热 1h 以上。按生产厂家的操作说明设置参数，包括紫外光源灯的灵敏度、采样流速、激活电子温度和压力补偿功能等。待仪器稳定后连接气体采样管，将空气连续抽入吸收池进行现场测定。

(二) 靛蓝二磺酸钠分光光度法

1. 采样

将 10.00mL IDS 吸收液装入多孔玻板吸收管，罩上黑布套，以 0.5 L/min 流量采气 5 ~ 30L。当吸收液退色约 60% 时，应立即停止采样。样品于室温避光处存放至少可稳定 3d。

每批样品至少带两个现场空白样品，即将与用于采样的同一批配制的 IDS 吸收液装入多孔玻板吸收管，带到采集现场，不参与采集空气样品，但环境条件保持与采集空气的采样管相同。

2. 标准曲线的绘制

取 6 支 10mL 具塞比色管。分别加入 IDS 标准工作液 10.00、8.00、6.00、4.00、2.00、0mL，再分别加入磷酸盐缓冲溶液 0、2.00、4.00、6.00、8.00、10.00mL。配制成的标准系列相当于臭氧的含量分别为 0、0.20、0.40、0.60、0.80、1.00μg/mL。各管摇匀，用 20mm 比色皿，在波长 610nm 处以水为参比测定其吸光度，以臭氧浓度为横坐标，以标准系列中零浓度样品与各管样品的吸光度之差为纵坐标绘制标准曲线，用最小二乘法计算回归方程。

3. 样品测定

将采样后的吸收液转入 25mL 或 50mL 的容量瓶中，用水多次洗涤吸收管，洗液也转入容量瓶，定容至刻度。用 20mm 比色皿，在波长 610nm 处以水为参比测定其吸光度。

按式(2-4)计算空气中臭氧的浓度：

$$c = \frac{(A_0 - A - a) \times V}{b \times V_0} \tag{2-4}$$

式中：

c——空气中臭氧的浓度，mg/m³；

A_0——现场空白样品的吸光度平均值；

A——样品溶液的吸光度；

b——校准曲线的斜率；

a——校准曲线的截距；

V——样品溶液的总体积，mL；

V_0——换算为标准状态下的采样体积，L。

五、实验结果与数据处理

1. 紫外光度法测定空气中的臭氧

（1）用紫外校准光度计校准臭氧发生器类型的传递标准。将实验数据及计算结果填入表 2-1。

表 2-1

总流量（mL/min）					
稀释比 R					
紫外臭氧发生器响应值（mg/m³）					
校准光度计响应值（mg/m³）					
线性误差（%）					

（2）用紫外校准光度计校准臭氧分析仪类型的传递标准。将实验数据及计算结果填入表 2-2 和 2-3。

表 2-2

校准光度计响应值（mg/m³）					
紫外臭氧分析仪响应值（mg/m³）					

表 2-3

标准曲线：	标准曲线回归方程：
	相关系数： $R=$

（3）用传递标准校准环境臭氧分析仪。将实验数据及计算结果填入表 2-4 和 2-5。

表 2-4

紫外臭氧分析仪响应值（mg/m³）					
传递标准参考值（mg/m³）					

表 2-5

标准曲线：	标准曲线回归方程：
	相关系数： $R=$

（4）环境空气中臭氧的测定。将实验数据及计算结果填入表 2-6。

表 2-6

采样时间				
采样地点				
臭氧浓度（mg/m³）				

2. 靛蓝二磺酸钠分光光度法测定空气中的臭氧

（1）IDS 标准储备溶液标定。将实验数据及计算结果填入表 2-7。

表 2-7

IDS 标准储备溶液的体积（mL）	
$KBrO_3$-KBr 标准溶液的浓度（mol/L）	
$KBrO_3$-KBr 标准溶液的体积（mL）	
滴定用 $Na_2S_2O_3$ 标准溶液的浓度（mol/L）	
滴定用 $Na_2S_2O_3$ 标准溶液的体积（mL）	
每毫升 IDS 溶液相当于 O_3 的质量浓度（μg/mL）	

（2）标准曲线。将实验数据及计算结果填入表 2-8 和 2-9。

表 2-8

臭氧浓度（μg/mL）					
零浓度管的吸光度 A_0					
标准色列管的吸光度 A					
A_0-A					

表 2-9

标准曲线：	标准曲线回归方程：
	相关系数： $R=$

3. 环境空气中臭氧的测定

将实验数据及计算结构填入表 2-10。

表 2-10

采样时间						
采样地点						
现场空白吸光度平均值						
样品吸光度						
空气中臭氧浓度（mg/m³）						

六、分析与讨论

1. 空气中哪些物质会对臭氧的测定造成干扰？
2. 两种方法在基本原理上有什么差异？
3. 探讨两种方法的适用对象。
4. 推导标定 IDS 标准储备液过程中的计算公式。
5. 为减少测定误差，对采样管有什么要求？

参考文献

[1] 贾龙. 大气臭氧化学研究进展[J]. 化学进展，2006，18(11)：1565-1574.

[2] HJ 504-2009. 中华人民共和国国家环境保护标准[S]. 北京：中国环境科学出版社，2009.

[3] HJ 590-2010. 中华人民共和国国家环境保护标准[S]. 北京：中国环境科学出版社，2010.

[4] 殷永泉，纪霞，单文坡，等. 分光光度法测定空气中臭氧的问题探讨[J]. 实验技术与管理，2005，22(10)：46-49.

第三章　酸雨的监测及其阴阳离子分析

酸雨是指 pH 值小于 5.60 的大气降水，包括酸性雨、酸性雪、酸性雾、酸性露和酸性霜等[1]。降水酸度的分级标准为：强酸性（pH 值<4.5）、中度酸性（4.5≤pH 值<5.0）以及弱酸性（5.0≤pH 值<5.6）。

酸雨形成最主要是工业生产、民用生活燃烧煤炭排放出来的二氧化硫（SO_2）、燃烧石油以及汽车尾气排放出来的氮氧化物（NO_x）在大气或水滴中转化为硫酸和硝酸所致。酸雨造成湖水酸化、森林损毁、建筑物腐蚀、土壤贫瘠化、鱼类与水生物减少或绝迹，已被公认为全球性的重大环境问题。随着中国经济的飞速发展，酸雨问题日趋严重，目前我国降水年均 pH 值小于 5.6 的面积约占国土面积的 40%，酸雨区主要分布在东北地区东南部、华北大部、西南和华南沿海地区及新疆北部地区，大体呈东北—西南走向。在欧、美、亚世界三大酸雨区中，我国的强酸雨区（pH 值<4.5）面积最大，长江以南地区是全球强酸雨中心。酸雨的污染防治工作已经纳入我国环境保护重点工作。

一、目的与要求

（1）学习和掌握酸雨各项指标的测定方法；

（2）掌握酸雨污染的主要污染组分和特征；

（3）确定酸雨的成因，酸雨污染程度；

（4）了解某一区域的酸雨污染现状和发展趋势。

二、酸沉降监测的测定项目及监测方法选择

本实验酸雨监测的测定项目有：pH 值、SO_4^{2-}、NO_3^-、F^-、Cl^-、NH_4^+、Ca^{2+}、Mg^{2+}、K^+、Na^+、降雨量等。

酸雨的 pH 值以及离子成分的测定，全部采用标准分析方法或国际通用分析方法，见表 3-1。

表 3-1　　　　　　　　　　　分析方法一览表

监测项目	分析方法	标准号
EC	电极法	GB13580.3—92
pH	电极法	GB13580.4—92

监测项目	分析方法	标准号
SO_4^{2-}	离子色谱法 硫酸钡比浊法 铬酸钡-二苯碳酰二肼光度法	GB13580.5—92 GB13580.6—92 GB13580.6—92
NO_3^-	离子色谱法 紫外光度法 镉柱还原光度法	GB13580.5—92 GB13580.8—92 GB13580.8—92
Cl^-	离子色谱法 硫氰酸汞高铁光度法	GB13580.5—92 GB13580.9—92
F^-	离子色谱法 新氟试剂光度法	GB13580.5—92 GB13580.10—92
K^+、Na^+	原子吸收分光光度法 离子色谱法	GB13580.12—92 见本规范附录B
Ca^{2+}、Mg^{2+}	原子吸收分光光度法 离子色谱法	GB13580.13—92 见本规范附录B
NH_4^+	纳氏试剂光度法 次氯酸钠-水杨酸光度法 离子色谱法	GB13580.11—92 GB13580.11—92 见本规范附录B

三、采样、样品保存与处理

(一)采样

1. 采样容器

雨水样品采集使用无色聚乙烯塑料桶,上口直径不小于 20cm(直径),高度不小于 30cm。

2. 采样容器清洗

在第一次使用前需用 10%(V/V)盐酸或硝酸溶液浸泡 24h,用自来水洗至中性,再用去离子水(在 25℃时,EC 值应小于 1.5μS/cm)冲洗多次。

3. 降雨量的测量

降雨量的测量应使用标准雨量仪,与降雨采样器同步、平行进行。不可使用降水采样器采集降雨量。

4. 采样器放置点的选择及采样口离支撑面的高度

监测点不应受到局地污染源的影响。采样器的设置应保证采集到无偏向性的试样,应设置在离开树林、土丘及其他障碍物足够远的地方。宜设置在开阔、平坦、多草、周围 100m 内没有树木的地方。也可将采样器安在楼顶上,但周围 2 m 范围内不应有障碍物,具体的安放标准如下：

(1)较大障碍物与采样器之间的水平距离应至少为障碍物高度的两倍，即从采样点仰望障碍物顶端，其仰角不大于30°。

(2)若有多个采样器，采样器之间的水平距离应大于2m。

(3)采样器应避免局地污染源的影响，如废物处置地、焚烧炉、停车场、农产品的室外储存场、室内供热系统等，距这些污染源的距离应大于100m。

(4)采样器应固定在支撑面上，使接样器的开口边缘处于水平，离支撑面的高度大于1.2 m，以避免雨大时泥水溅入试样中。

5. 采样时间和频率

(1)原则上应逢雨必采，采集每次降雨的全过程样品(自降雨开始到结束)。

(2)若遇连续几天降雨，则将上午9：00至次日上午9：00的降雨视为一个样品。

(3)若一天中有几次降雨过程，可合并为一个样品测定。

6. 样品采集的基本步骤

(1)应将清洗后的接雨器放在室内密闭保存，下雨前再放置于采样点；如接雨器在采样点放置2h后仍未下雨则需将接雨器取回重新清洗后方可再用于样品采集。

(2)雨后将样品容器取下，称重；去除样品容器的重量后得样品量，与同步监测的降雨量进行比较。

(3)取一部分样品测定pH值，其余的过滤后放入冰箱保存，以备分析离子组分。如果样品量太少(少于50g)，则只测pH值。

(4)将接雨器和样品容器洗净晾干，以备下一次采样用。

采样结束后应填写采样记录表(见表3-2)。

表3-2　　　　　　　　　　　　**采样记录表**

采样点名称		采样点类型*	
经度		纬度	海拔高度(m)
采样开始时间结束时间		气温、风向	
样品体积或者重量		采样人	
样品污染情况(明显的悬浮物、鸟粪、昆虫)			
采样人员临时观察到的情况(意外的环境问题、车辆活动)			
监测点状况(监测点周围是否有异常，是否有新增的局地污染源，等等)			
其他(不寻常情况、问题、观测等)			

(二)样品保存与处理

样品采集完后应及时取下的样品,首先称重,然后取一部分测定 pH 值,其余的过滤后置于冰箱保存。

1. 样品的过滤

(1)用 0.45μm 的有机微孔滤膜作过滤介质。该膜为惰性材料,不与样品中的化学成分发生吸附或离子交换作用,能满足过滤样品的要求。

(2)滤膜的前处理

滤膜在加工、运输、保存等过程中可能会沾污少量的无机物,会对样品带来影响。因此使用前应将滤膜放入去离子水中浸泡 24h,并用去离子水洗涤 3 次后晾干,备用。

2. 样品保存

(1)样品存放容器材质要求。

保存湿沉降样品的容器宜用无色聚乙烯塑料瓶,不得与其他地表水、污水采样瓶等混用。塑料瓶的清洗要求与接雨器相同,样品存放时要拧紧瓶盖。

(2)过滤后的样品存放在塑料瓶中,置于冰箱 4℃条件下冷藏。

表 3-3　　　　　　　　　　　　　　　　　降雨样品的保存

待测项目	储存容器	储存方式	保存时间
pH	聚乙烯瓶	冰箱 4℃冷藏	24h
SO_4^{2-}	聚乙烯瓶	冰箱 4℃冷藏	一个月
NO_3^-	聚乙烯瓶	冰箱 4℃冷藏	24h
Cl^-	聚乙烯瓶	冰箱 4℃冷藏	一个月
F^-	聚乙烯瓶	冰箱 4℃冷藏	一个月
K^+、Na^+	聚乙烯瓶	冰箱 4℃冷藏	一个月
Ca^{2+}、Mg^{2+}	聚乙烯瓶	冰箱 4℃冷藏	一个月
NH_4^+	聚乙烯瓶	冰箱 4℃冷藏	24h

四、pH 值的测定——电极法

1. 原理

pH 值定义为水中氢离子活度的负对数。用电极法测定,即以饱和甘汞电极为参比电极,以玻璃电极为指示电极组成电池。在 25℃下,溶液中每变化一个 pH 值单位,电位变化 59.1 mV。在仪器上直接以 pH 值的读数表示,温度变化引起差异直接用仪器温度补偿调节。

2. 试剂

用于校正 pH 计和配制标准 pH 值缓冲溶液,一般可用计量部门出售的 pH 值标准物质直接溶解定容而成。也可以按下述方法进行配制。

（1）pH=4.008 的缓冲溶液：称取 10.12g 在 105℃烘干 2h 的邻苯二甲酸氢钾（$KHC_8H_4O_4$）溶于水，并稀释至 1000mL。

（2）pH=6.856 的缓冲溶液：称取 3.388g 在 105℃烘干 2h 的磷酸二氢钾（KH_2PO_4）和 3.533g 磷酸氢二钠（Na_2HPO_4）溶于水，并稀释至 1000mL。

（3）pH=9.180 的缓冲溶液：称取 3.80g 四硼酸钠（$Na_2B_4O_7 \cdot 10H_2O$）溶于水，并稀释至 1000mL。

（4）配制标准溶液水的电导应小于 1.5μS/cm，临用前煮沸数分钟，以赶除二氧化碳，冷却。配好的溶液应储于熟料瓶中，有效期 1 个月。若发现絮凝变质应弃去重新配制。

3. 仪器

（1）酸度计：测量精度为 0.02 pH。

（2）玻璃电极的选择：用相对校准法检验，在 25℃时用 pH=4.008 的标准溶液定位，然后测量 pH=6.856 的标准溶液，求出测量值与标准值的误差，其误差要小于 0.1 pH 的电极即可使用。

4. 步骤

（1）按照仪器的使用说明书进行。使用前玻璃电极应在水中浸泡 24h。

（2）开启仪器电源，预热 0.5h。

（3）用两种标准缓冲液对仪器进行定位和校正。

（4）样品的测定：用水冲洗电极 2～3 次，用滤纸把水吸干，然后将电极插入样品中，搅动样品至少 1 min（用磁力搅拌器），停止搅拌，待读数稳定后记录 pH。如此再重复二次，取其平均值作为测定结果。

五、离子色谱法测定 F^-、Cl^-、NO_3^-、SO_4^{2-}

1. 实验原理

离子色谱法测定阴离子是利用离子交换原理进行分离，由抑制柱扣除淋洗液背景电导，然后利用电导检测器进行测定。根据混合标准溶液中各阴离子出峰的保留时间以及峰高可定性和定量测定各种阴离子。

2. 仪器与设备

（1）离子色谱仪。

（2）阴离子分离柱和阴离子保护柱。

（3）阴离子抑制柱或阴离子微膜抑制器。

（4）积分仪、记录仪或电脑工作站。

（5）过滤装置及 0.45μm 微孔滤膜。

（6）注射器：用于进样的 1mL 注射器。

3. 试剂和溶液

（1）离子色谱法所用去离子水的 EC 值应小于 1.5μS/cm。并经过 0.45μm 微孔滤膜过滤。

（2）淋洗液储备液（$NaHCO_3$-Na_2CO_3）的配制：分别称取 0.8401g $NaHCO_3$ 和 8.4790g

Na_2CO_3(均已在105℃烘干2h,干燥器中放冷),溶于水中,移入100mL容量瓶中,用水稀释到标线,摇匀,储存于聚乙烯瓶中,此溶液$NaHCO_3$浓度为0.1mol/L,Na_2CO_3浓度为0.8mol/L。

(3)淋洗使用液的配制:吸取上述淋洗储备液10.0mL于1000mL容量瓶中,用水稀释至刻度,摇匀放入淋洗液瓶备用。

(4)再生液:吸取2mL浓硫酸溶液于装有少量水的再生瓶中,再加满水至溢出使得瓶中无气泡。

(5)氟化钠标准储备液:称取2.2100g氟化钠(优级纯,105℃烘干2h,干燥器中放冷),溶解于水,移入1000mL容量瓶中,加入10.00mL淋洗液储备液,用水稀释至标线。储于聚乙烯塑料瓶中,于冰箱内保存。此溶液每毫升含1.000mg氟离子。

(6)氯化钠标准储备液:称取1.6480g氯化钠(优级纯,105℃烘干2h,干燥器中放冷),溶解于水,移入1000mL容量瓶中,加入10.00mL淋洗液储备液,用水稀释至标线。储于聚乙烯塑料瓶中,于冰箱内保存。此溶液每毫升含1.000mg氯离子。

(7)硝酸盐标准储备液:称取1.6305g硝酸钾(优级纯,干燥器中干燥24h),溶解于水,移入1000mL容量瓶中,加入10.00mL淋洗液储备液,用水稀释至标线。储于聚乙烯塑料瓶中,于冰箱内保存。此溶液每毫升含1.000mg硝酸根。

(8)硫酸盐标准储备液:称取1.8140g硫酸钾(优级纯,105℃烘干2h,干燥器中放冷),溶解于水,移入1000mL容量瓶中,加入10.00mL淋洗液储备液,用水稀释至标线。储于聚乙烯塑料瓶中,于冰箱内保存。此溶液每毫升含1.000mg硫酸根。

(9)五种阴离子混合标准使用液:配制混合标准溶液的浓度应与降水中待测离子浓度接近。例如,配制含有氟5.0μg/mL、氯10.0μg/mL、硝酸根40.0μg/mL、硫酸根50.0μg/mL的混合标准使用液,分别吸取5.0mL氟化钠标准储备液、10.0mL氯化钠标准储备液、40.0mL硝酸钾标准储备液及50.0mL硫酸钾标准储备液于1000mL容量瓶中,加入10.0mL淋洗储备液,用水稀释至标线。储于聚乙烯塑料瓶中,于冰箱内保存。可使用1个月。

4. 实验步骤

(1)色谱条件:仪器操作以仪器说明书为准。开机后使淋洗液和再生液通过柱子,直到系统平衡稳定。

(2)标准曲线的绘制。

①用标准使用液,配制5个浓度水平的混合标准溶液测定峰高或峰面积。

②以标准溶液的离子浓度为横坐标,谱图的峰高(或峰面积)为纵坐标作图,可得一工作曲线图;或将浓度与峰高(或峰面积)进行回归计算,得一回归方程;如果数据采集部分为计算机工作站,则此部分工作由计算机自动完成。

(3)样品测定。

①降水样品均需微孔滤膜过滤,除去降水中尘埃颗粒物和微生物。

②进样前将样品与淋洗储备液按99∶1的体积混合后再进样。

(4)空白试验:以试验水代替水样,经0.45μm微孔滤膜过滤后进行色谱分析。

5. 结果计算

(1)工作曲线的绘制(或计算)。

(2)样品浓度的计算。

将样品中各组分谱图的峰高(或峰面积)代入工作曲线图,或代入回归公式进行计算,即可得出该组分的浓度值;如果数据采集部分为计算机工作站,则此部分工作由计算机自动完成。

6. 注意事项

(1)离子色谱分析时,样品中需加入一定量的淋洗储备液,使其浓度与淋洗液相同,以克服负峰干扰。

(2)注射标准溶液时,应按浓度由高到低的顺序,否则有可能影响第一个样品的分析结果;也可以从低到高进行,但在分析样品前应用去离子水作一空白样,以降低其可能对样品测定带来的影响。

(3)样品分析完后,应继续通 20min 以上的淋洗液,以免样品中的一些物质残留在柱子中,对柱子的性能带来一定的影响。

六、次氯酸钠-水杨酸分光光度法测定铵离子

1. 实验原理

在碱性介质中,氨与次氯酸盐、水杨酸反应生成一种稳定的蓝色化合物,可于波长 698nm 处进行光度测定。降水中的共存离子对铵盐的测定没有干扰。

2. 仪器

分光光度计、10mL 比色管。

3. 试剂

(1)所有试剂均用无氨的去离子水配制。

(2)铵标准储备液:$1000\mu g/mL$。准确称取 $0.7431g$ 氯化铵(优级纯,$105℃$烘干 2h,干燥器中放冷)溶于水,移入 250mL 容量瓶中,用水稀释至标线。

(3)铵标准使用液:$10.0\mu g/mL$。准确吸取铵标准储备液 5.00mL 于 500mL 容量瓶中,用水稀释至标线,摇匀。

(4)水杨酸-酒石酸钾钠溶液:称取 10g 水杨酸于 150mL 烧杯中,加适量水,再加入 15mL 氢氧化钠($5mol/L$)溶液,搅拌使之溶解。另称取 10g 酒石酸钾钠($KNaC_4H_4O_6 \cdot 4H_2O$)溶于水,加热煮沸以除去氨。冷却后,与上述溶液合并,移入 200mL 容量瓶中,用水稀释至标线,混匀。此溶液 pH 值约为 6。

(5)硝普钠溶液:$10g/L$。称取 0.1g 硝普钠(亚硝酰铁氰化钠 $Na_2[Fe(CN)_5NO]$),于 10mL 比色管中,用水稀释至标线,摇动使之溶解。此试剂现用现配。

(6)氢氧化钠溶液:$2mol/L$。称取 8g 氢氧化钠(NaOH)溶于水,稀释至 100mL。

(7)氢氧化钠溶液:$5mol/L$。称取 10g 氢氧化钠(NaOH)溶于水,稀释至 200mL。

(8)次氯酸钠溶液:可用市售的安替福米溶液。也可自制,方法为:将浓盐酸逐滴作用于高锰酸钾,将逸出的氯气导入氢氧化钠($2mol/L$)中。

市售或自制品均需用碘量法测定其有效氯含量,用酸碱滴定法测定其游离碱量,方法

如下:

有效氯的标定:吸取 1.00mL 次氯酸钠溶液,于碘量瓶中,加 50mL 水,2g 碘化钾,混匀。加 5mL 6mol/L 硫酸溶液,盖上塞子,混匀。置于暗处 5 min 后,用 0.1mol/L 硫代硫酸钠标准溶液滴定至黄色,加 1mL 淀粉溶液,继续滴至蓝色刚消失为终点。其有效氯按下式计算:

$$有效氯(Cl_2,\%) = V \times N \times \frac{70.91}{200} \times 100$$

式中:V——滴定时消耗硫代硫酸钠溶液体积,mL。

N——硫代硫酸钠溶液的摩尔浓度。

游离碱的标定:吸取 1.00mL 次氯酸钠溶液于 150mL 锥形瓶中,加入适量水,以酚酞作指示剂,用 0.1mol/L 盐酸标准溶液滴至红色消失为终点。

取上述部分溶液用稀氢氧化钠溶液稀释至使其含有有效氯为 0.35%、游离碱为 0.75 mol/L,储于棕色瓶中,稳定一周。

4. 步骤

(1)校准曲线的绘制。

取 10mL 比色管 7 支,分别加铵标准使用液 0、0.20、0.40、0.60、0.80、1.00、1.20mL,在各管中加入 1mL 水杨酸-酒石酸钾钠溶液,2 滴硝普钠溶液,用水稀释至约 9mL,摇匀。加 2 滴次氯酸钠溶液,加水至标线,摇匀,放置 30min。用 1cm 比色皿,于波长 698nm 处,以水作参比,测量吸光度。以吸光度对铵离子含量作图,绘制校准曲线。

(2)样品测定。

准确吸取降水样品 1.00~5.00mL 于 10mL 比色管中,按作校准曲线的步骤(1)测定吸光度,从校准曲线上查得铵离子含量。

5. 结果处理(分析结果的表述)

$$c = \frac{M}{V}$$

式中:c——样品中铵的浓度,mg/L;

M——由校准曲线上查得铵的含量,μg;

V——取样体积,mL。

七、原子吸收分光光度法测定钾、钠离子

1. 原理

原子吸收分光光度法是根据某元素的基态原子对该元素的特征波长辐射产生选择性吸收来进行测定的分析方法。将降水试样喷入空气-乙炔火焰中,分别在波长 766.4nm 和 589.0nm 处测量钾、钠的吸光度,用校准曲线法进行测定。由于钾、钠易电离,有干扰,因此在试样中加入消电离剂(氯化铯或硝酸铯)即可消除。

2. 试剂

(1)钾标准储备液:1000μg/mL。准确称取 1.9068g 氯化钾(KCl,105℃烘干 2h),溶于水,移入 1000mL 容量瓶中,用水稀释至标线。

(2)钠标准储备液：1000μg/mL。准确称取 2.5421g 氯化钠（NaCl，105℃烘干 2h），溶于水，移入 1000mL 容量瓶中，用水稀释至标线。

(3)钾、钠混合标准使用液：10μg/mL 钾，10μg/mL 钠。分别吸取钾、钠标准储备液 10.0mL 于 1000mL 容量瓶中，用水稀释至标线。

(4)硝酸铯溶液：10mg/mL。称取 2.9g 硝酸铯（CsNO₃）溶于水，定容至 200mL。

3. 仪器

(1)原子吸收分光光度计。

(2)钠、钾元素空心阴极灯。

(3)10mL 具塞比色管。

4. 步骤

(1)根据不同型号的原子吸收分光光度计说明书，选择最佳仪器参数，开机预热，待仪器稳定后，进行测量。选用贫燃型空气-乙炔火焰，并根据仪器说明书选择测量高度。

(2)校准曲线的绘制。

取 10mL 比色管 8 支，加入钠、钾混合标准使用液 0、0.20、0.50、1.00、1.50、2.00、3.00、4.00mL，加水至 10.0mL，再加入 0.50mL 硝酸铯溶液，摇匀。顺次喷入空气-乙炔火焰中，测量吸光度，分别以钾、钠的吸光度对其相应的含量作图，绘制校准曲线。

(3)样品的测定。

准确吸取 10.00mL 样品于 10mL 干燥比色管中，加入 0.50mL 硝酸铯溶液，摇匀。按作校准曲线的步骤(2)测定吸光度，从校准曲线上查得钾、钠的含量。

5. 结果处理

降水中钾、钠浓度以 mg/L 表示，按下式计算：

$$c = \frac{M}{V}$$

式中：c——样品中钠（钾）的浓度，mg/L；

M——由校准曲线上查得钠（钾）的含量，μg；

V——取样体积，mL。

八、原子吸收分光光度法测定钙、镁离子

1. 原理

原子吸收分光光度法是根据某元素的基态原子对该元素的特征光谱辐射产生选择性吸收来进行测定。将降水试样喷入空气-乙炔火焰中，分别在波长 422.7nm 和 285.2nm 处测量钙、镁离子的吸光度，用校准曲线法进行测定。样品若有 Al、Be、Ti 等元素存在会产生负干扰，可加入释放剂氯化镧、硝酸镧或氯化锶予以消除。

2. 试剂

(1)盐酸溶液(1+1)。取 100mL 盐酸加到 100mL 水中，摇匀。

(2)钙标准储备液(500μg/mL)。准确称取 0.6250g 碳酸钙(180℃烘干 2h)于烧杯中，加 20mL 水悬浮，缓慢加入少量(1+1)盐酸，小心溶解，加热驱除 CO₂，冷却后，定容

至 500mL。

（3）镁标准储备液（100μg/mL）。准确称取 0.1658g 氧化镁（在 1000℃ 高温炉中灼烧 1h，在保干器中冷却后称重）于烧杯中，加入少量（1+1）盐酸溶解，移入 1000mL 容量瓶中，用水稀释至标线。

（4）钙、镁混合标准使用液：50μg/mL 钙，5μg/mL 镁。分别吸取钙、镁标准储备液 10.0mL 和 5.0mL 于 100mL 容量瓶中，加 2mL 硝酸（1+1）溶液，用水稀释至标线。

（5）硝酸溶液（1+1）。取 100mL 硝酸加到 100mL 水中，摇匀。

（6）硝酸溶液（5%）。取 5mL 硝酸加到 100mL 水中，摇匀。

（7）硝酸镧溶液（10%）。称取 23.5g 氧化镧，用少量硝酸（1+1）微热溶解，加硝酸溶液（5%）至 200mL。

3. 仪器

（1）原子吸收分光光度计。

（2）钙、镁元素空心阴极灯。

（3）10mL 具塞比色管。

4. 步骤

（1）根据不同型号的原子吸收分光光度计说明书，选择最佳仪器参数，开机预热，待仪器稳定后进行测量。

（2）校准曲线的绘制。

取 10mL 比色管 7 支，分别加入钙、镁混合标准使用液 0、0.10、0.20、0.40、0.60、0.80、1.00mL，在各管中加水至标线，再加硝酸镧溶液 0.2mL，摇匀。顺次喷入空气-乙炔火焰中，测量吸光度，分别以钙、镁的吸光度对其相应的含量作图，绘制校准曲线。

（3）样品的测定

准确吸取 10.0mL 降水样品于 10mL 干燥比色管中（若降水样品中钙、镁浓度分别超过 5.0mg/L 和 0.5 mg/L，可酌情少取样品，然后加水到 10mL），加 0.2mL 硝酸镧溶液，摇匀。按作校准曲线的步骤（2）测量吸光度，从校准曲线上查得钙、镁含量。

5. 结果处理

降水中钙、镁浓度以 mg/L 表示，按下式计算：

$$c = \frac{M}{V}$$

式中：c——样品中钙（镁）的浓度，mg/L；

M——由校准曲线上查得钙（镁）的含量，μg；

V——取样体积，mL。

九、实验结果与数据处理，阴、阳离子浓度平衡的评价

湿沉降（降水）样品理论上是呈电中性的，当对降水样品进行阴、阳离子浓度和 pH 值测定后，可通过下面方程计算相应的平衡参数 R 值，再结合国内外有关资料推荐的 R 参考标准来判断降水样品阴阳离子浓度平衡的好坏（是否漏测了重要离子）。当 R 值偏离参考值范围，一般应重新对样品进行分析，如仍然偏差较大，应对引起偏差的原因进行分析

并作说明。计算方程分别为

$$R = (c-A)/(c+A) \times 100\%$$

式中：R——湿沉降(降水)中阴阳离子微摩尔总数的平衡情况。

$$A = 10^{-3} \times \sum A_i \times N_i/M_i$$

A_i——第 i 个阴离子的浓度，单位为 mg/L；

N_i——第 i 个阴离子的价态数；

M_i——第 i 个阴离子的摩尔质量。

$$c = 10^{(6-pH)}/1.008 + 10^{-3} \times \sum c_i \times N_i/M_i$$

式中：c_i——第 i 个阳离子的浓度，单位 mg/L；

N_i——第 i 个阳离子的价态数；

M_i——第 i 个阳离子的摩尔质量。

R 值的推荐参考标准见表 3-4。

表 3-4   **R 值的参考标准**

$c+A$ (μeq/L)	R(%)
<50	±30
50~100	±15
>100	±8

当 pH>6 时，R 远远大于 0，计算 R 时，应考虑 HCO_3^- 的影响。当测定甲酸、乙酸或同时测定两者时，计算 R 时应包括这两种离子，这些弱酸的浓度(μeq/L)由其离解常数 K_a 和样品的 pH 计算：

$$[HCO_3^-] = P_{CO2}H_{CO2}K_a/[H^+] = (360 \times 10^{-6})(3.4 \times 10^{-2})10^{pH-6.35+6} = 1.24 \times 10^{pH-5.35}$$

$$[HCOO^-] = [HCOOH]K_a/[H^+] = [HCOOH] \times 10^{pH-pK_a} = [HCOOH] \times 10^{pH-3.55}$$

$$[CH_3COO^-] = [CH_3COOH]K_a/[H^+] = [CH_3COOH] \times 10^{pH-pK_a} = [CH_3COOH] \times 10^{pH-4.56}$$

十、思考与讨论

1. 酸雨各项指标的测定方法的原理各是什么？

2. 酸雨的污染成因、危害有哪些？

3. 如何根据酸雨的各项指标判断降水水质的好坏？

4. 各方法在测定过程中的误差来源有哪些？如何减少或者避免？

参考文献

[1] GB/T 19117—2003，酸雨观测规范[S].

[2] GB/T 13580.2—92，大气降水水样品的采集与保存[S].

[3] GB/T 13580.3—92，大气降水电导率的测定方法[S].

[4] GB/T 13580.4—92，大气降水 pH 值的测定电极法[S].

[5] GB/T 13580.5—92，大气降水中氟、氯、亚硝酸盐、硝酸盐、硫酸盐的测定离子色谱法[S].

[6] GB/T 13580.11—92，大气降水中氨盐的测定[S].

[7] GB/T 13580.12—92，大气降水中钠、钾的测定原子吸收分光光度法[S].

[8] GB/T 13580.13—92，大气降水中钙、镁的测定原子吸收分光光度法[S].

[9] HJ/T 165—2004，酸沉降监测技术规范[S].

第四章 挥发性有机物的催化氧化分解

挥发性有机物(Volatile organic compounds，VOCs)是常温下具有较强挥发性的有机化合物的统称，一般此类化合物的沸点低于250℃，室温下饱和蒸汽压大于133.32Pa。VOCs组成广泛，按化学结构可以分为烷烃、芳烃、烯烃、卤代烃、酯、醛、酮以及含杂原子的其他有机化合物等。挥发性有机物是造成大气污染的重要因素之一，其环境效应主要表现为通过参与光化学反应产生臭氧，形成光化学烟雾；或者在大气中发生化学反应，形成细颗粒物，是灰霾天的主要诱因之一；此外，有些VOCs能对人体健康产生直接的损害作用，如"三致"效应等。工业源排放是大气中VOCs的重要来源之一，造成VOCs排放的行业众多，例如喷涂、印刷、电子、汽车制造、造船等生产活动都可能产生VOCs废气。随着相关行业的迅速发展，VOCs排放导致的环境问题也日趋严重，因而，近年来，有关限制VOCs排放的环境立法越来越严格，为了达到排放标准，相关企业必须对有机废气进行治理。

VOCs治理技术主要可分为回收技术和销毁技术。回收技术是通过改变温度、压力等物理参数或使用吸附剂等方法来富集与分离有机物，主要包括吸附技术、吸收技术、冷凝技术及膜分离技术等；销毁技术是通过化学或生化反应将有机化合物转变成为二氧化碳和水等无毒害或低毒害的无机小分子化合物，主要包括燃烧、等离子体分解和生物氧化等。目前，对于回收价值不高或者回收成本过高的有机物，燃烧法是应用较多的方法。燃烧分为热力燃烧和催化燃烧(催化氧化)。其中，热力燃烧指的是直接在高温下将污染物氧化分解，但由于在实际的排放中VOCs的浓度一般较低，反应过程中释放的热量不足以维持反应的进行，往往需要加入额外的燃料来辅助燃烧；同时，在热力燃烧过程中，如果条件控制不当，可能产生毒性更大的副产物，如二噁英、氮氧化物等。催化燃烧指的是在催化剂的作用下，使有机物氧化分解，催化剂可以降低有机物氧化反应的活化能，因而反应可以在较低温度下进行，而且转化效率高、能耗低，能够有效避免氮氧化物等副产物的产生。因为这些优点，催化氧化成为挥发性有机物控制中最有前景的技术之一。

一、目的与要求

(1)掌握挥发性有机物催化氧化分解的基本原理；
(2)掌握气相色谱仪的使用方法；
(3)了解几种基本催化剂的制备方法；
(4)了解基本催化剂的表征和评价方法。

二、基本原理

一般来说，VOCs 在固体催化剂上的催化氧化被认为遵循表面氧化还原机理(Mars-van Krevelen 机理)，即有机物分子获取催化剂表面的活性氧而被氧化，同时，催化剂表面因为失去氧形成氧空位，随后气相氧分子补充到氧空位上，使催化剂复原，形成一个催化循环。此外，有些研究表明，对于一些卤代烃或酯类 VOCs 等，水解反应也可能是引发催化反应的初始过程。按照催化活性组分的不同，有机废气净化催化剂通常可分为贵金属催化剂和金属氧化物催化剂。常用的贵金属催化剂是 Pt 和 Pd，常用的金属氧化物催化剂包括 Cu、Mn、Co 等元素的氧化物或者复合氧化物。为了增加催化活性，催化剂中除了主催化组分之外，往往还会加入一些助催化组分，如 CeO_2、La_2O_3、WO_3、ZrO_2、TiO_2 等，助催化剂起的作用包括增加活性氧种、促进催化组分的分散等。

贵金属催化剂通常负载在多孔载体上，如活性氧化铝、多孔氧化硅、改性黏土等，以促进活性组分的分散，提高其比表面积。浸渍法是最常用的负载活性组分的方法，即将载体与贵金属前驱体盐的溶液接触，使盐溶液吸附或储存在载体的孔隙中，然后经过干燥、焙烧和活化过程得到催化剂。

对于金属氧化物催化剂，沉淀法或共沉淀法是最常用的制备催化剂的方法，其方法简单，即将活性组分前驱体盐溶液与沉淀剂溶液(通常是碱的水溶液)混合，沉淀反应后，将沉淀分离，经过洗涤、干燥、焙烧及活化过程后得到催化剂。为了提高金属氧化物催化剂的比表面积或制成特定的物理形状，有时候也通过浸渍等方法将其负载在多孔载体上。

在催化剂制备好后，需要对其进行一系列的表征和活性评价，以了解催化剂的理化属性和催化性能。常用的表征手段有 X 射线衍射(XRD，用以获得催化剂的成分、晶相组成及晶粒大小等信息)、透射电子显微镜(TEM，用于研究材料的超微结构，包括结晶情况、形貌、分散情况及粒径等)、氮气吸附/脱附等温线(用以分析材料的孔隙结构和比表面积)、X 射线光电子能谱(XPS，用以研究表面的化学组成、原子价态、化学键和电荷分布等)、红外光谱(IR，用以分析表面结构组成与化学基团、表面酸性等)、热分析(TA，用以研究材料的稳定性)以及其他理化表征技术。

催化剂对 VOCs 的催化氧化活性一般通过转化率曲线来反应。VOCs 在催化剂上的转化率与空速、浓度和反应温度等因素相关。空速(Space velocity，SV)指的是在单位时间内，单位体积的催化剂处理的气体的体积。一般情况下，随着反应温度的升高，VOCs 的催化氧化效率会增加。测定在一定空速和浓度等条件下，催化剂在不同温度下对应的污染物的转化率，以转化率为纵坐标，以温度为横坐标作图，即得到该催化剂对污染物的转化率曲线。具有较好活性的催化剂能够在较低温度下实现 VOCs 的完全氧化。

三、仪器与试剂

(1)磁力搅拌器或电动搅拌器。
(2)鼓风干燥箱。
(3)离心机。
(4)箱式电阻炉(马弗炉)。

(5)气体质量流量控制器。

(6)管式电阻炉。

(7)温度控制仪。

(8)气相色谱仪(配六通进样阀、催化转化炉和 FID 检测器)。

(9)高压钢瓶空气或空气发生器。

(10)高压钢瓶氮气或氮气发生器。

(11)高压钢瓶氢气或氢气发生器。

(12)VOCs 鼓泡发生器。

(13)可控温混气罐。

(14)分析天平。

(15)移液器。

(16)滴管。

(17)玻璃棒(1mm)。

(18)研钵。

(19)标准筛。

(20)石英玻璃管(内径 6mm,外径 8mm,长 500mm)。

(21)不锈钢管(3mm)。

(22)硅胶管(3、6mm)。

(23)烧杯(10、100、250mL)。

(24)坩埚(25mL)。

(25)50%的 $Mn(NO_3)_2$ 溶液。

(26)$Ce(NO_3)_3 \cdot 6H_2O$。

(27)苯。

(28)$\gamma\text{-}Al_2O_3$。

将 $\gamma\text{-}Al_2O_3$ 颗粒研磨粉碎,过 40-60 目的分样筛,取 40-60 目部分用于制备催化剂。

(29)NaOH。

(30)$PdCl_2$ 溶液。

将 1g 氯化钯溶解在 250mL 1 M 的盐酸中,得到 $PdCl_2$ 原液,含 Pd 量为 2.36 mg/mL。

(31)去离子水。

四、实验步骤

1. 催化剂制备

(1)负载型贵金属催化剂 Pd/Al_2O_3 制备(Pd 负载量为 0.3%)。

测定吸水率:称取 W_0g 干燥的 $\gamma\text{-}Al_2O_3$ 载体(40-60 目),置于 10mL 烧杯中,称量 $\gamma\text{-}Al_2O_3$ 和烧杯的总重量 W_1g,然后向 $\gamma\text{-}Al_2O_3$ 中滴加去离子水,边滴加边用玻璃棒搅拌,直至使其刚好润湿,测量 $\gamma\text{-}Al_2O_3$、水和烧杯的总重量 W_2g,计算 $\gamma\text{-}Al_2O_3$ 的吸水率:

$$\Phi = (W_2 - W_1)/W_0 \times 100\%$$

等体积浸渍法制备催化剂:称取 1g 干燥的 $\gamma\text{-}Al_2O_3$ 载体,置于 10mL 烧杯中,可以计

算出其吸水量约为 $V_t = \Phi(mL)$；设定催化剂中 Pd 的负载量为 0.3%，可以计算出需要的 PdCl$_2$原液体积 $V_0 = 1.27mL$；用移液器取 1.27mL PdCl$_2$原液，加水稀释到 $\Phi(mL)$，然后滴加到烧杯中，用玻璃棒搅拌 γ-Al$_2$O$_3$，使 PdCl$_2$溶液浸渍均匀；静置半小时后，在烘箱中 100℃烘干，然后将样品置于坩埚中，在马弗炉中焙烧 3h（500℃），得到负载型催化剂 Pd/Al$_2$O$_3$。如果所需要的 PdCl$_2$原液的体积 V_0大于 γ-Al$_2$O$_3$载体的吸水量 V_t，则将 PdCl$_2$原液稀释至 V_t的整数倍，分多次等体积浸渍到 γ-Al$_2$O$_3$载体上。

（2）复合氧化物催化剂 CeMnO$_x$制备。

共沉淀法制备催化剂：在 100mL 的烧杯中称取 7.16g 50% 的 Mn(NO$_3$)$_2$溶液，称取 8.68g Ce(NO$_3$)$_3$·6H$_2$O，加入到 Mn(NO$_3$)$_2$溶液中，然后加去离子水稀释至 50mL，搅拌形成 Mn(NO$_3$)$_2$和 Ce(NO$_3$)$_3$的混合盐溶液（含 Mn(NO$_3$)$_2$和 Ce(NO$_3$)$_3$各 0.02 mol）；称取 4g NaOH 置于 250mL 的烧杯中，加入 100mL 水，搅拌使其溶解；在持续的磁力搅拌或电动搅拌下，将混合盐溶液加入到碱溶液中，形成氢氧化物沉淀；继续搅拌半小时后，离心分离，将沉淀洗涤后，在烘箱中 100℃烘干，然后将样品置于坩埚中，在马弗炉中 500℃焙烧 3h，得到复合氧化物催化剂 CeMnO$_x$。

2. 催化剂表征

对所制备的催化剂进行 XRD 和 TEM 表征，获取有关晶相结构与活性组分分散度等信息。

3. 催化剂活性评价

催化剂对 VOCs 的催化氧化模拟研究装置如图 4-1 所示。

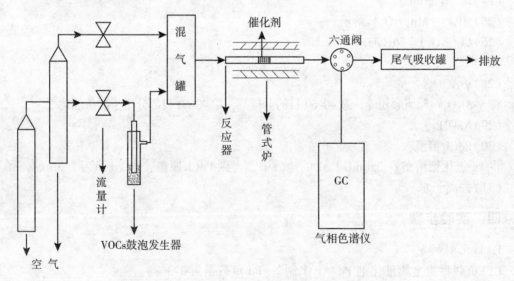

图 4-1　VOCs 催化氧化催化剂活性评价装置

催化活性评价在连续流反应器内进行，反应器通常为石英管，反应气氛通常为空气。评价前，将催化剂研磨筛分，取 0.2g 粒度为 40-60 目的催化剂置于反应器内，催化剂床层两端用石英棉固定。将反应器置于管式电阻炉中，并用硅胶管和变径与反应气路连接，调整反应器的位置，使催化剂位于管式炉的核心加热区。管式炉温度用控温仪控制。从钢瓶或空气发生器中出来的反应气的流量通过流量计控制。

　　含 VOCs 气流通过鼓泡的方式产生，一路空气通过 VOCs 鼓泡发生器，带出高浓度的 VOCs 气流，然后与另一路空气(稀释气)混合，进入混气罐混合后，进入反应器，从反应器出来的气流通过六通进样阀与气相色谱仪相连，由气相色谱仪(配 FID 检测器或 TCD 检测器)在线测定 VOCs 的浓度。在实验过程中，设定总流量和 VOCs 初始浓度后，通过调节鼓泡气和稀释气的流量来达到总流量和预设 VOCs 初始浓度。本实验选用甲苯作为 VOCs 的模型污染物。实验前，先将反应器加热至一定温度(该温度不低于甲苯的沸点且甲苯未开始发生氧化反应，可选定 100℃)，通入含甲苯气流，待气流稳定后，测定反应器出口气中甲苯的浓度，等浓度基本恒定(在预设初始浓度上下波动)时，取几组浓度数据的平均值作为实际初始浓度 c_0。然后将反应器升到不同温度，根据在每一个温度点时出口气中甲苯浓度 c 来计算甲苯在该点时的转化率。转化率的计算公式为

$$\varphi = \frac{c_0 - c}{c_0} \times 100\%$$

式中：c_0——出口气浓度；c——入口气浓度，即初始浓度。

五、实验结果与数据处理

1. 负载型贵金属催化剂 Pd/Al_2O_3 活性评价
(1)设定评价条件。
将设定评价条件填入表4-1。

表4-1

预设初始浓度 （ppm）	总流量 F(mL/min)	催化剂质量 W(g)	催化剂体积 V(mL)	空速 SV(h^{-1})

　　(2)确定实际初始浓度(已事先标定甲苯色谱峰面积与浓度之间对应关系)。
将实验数据及计算结果填入表4-2。

表4-2

甲苯峰面积						
实际初始浓度(ppm)						
平均初始浓度(ppm)						

　　(3)测定不同温度下的转化率，绘制转化率曲线。
将实验数据及计算结果填入表4-3。

表 4-3

温度(℃)								
出口气浓度(ppm)								
转化率(%)								

在图 4-2 中绘制转化率曲线。

图 4-2

2. 复合氧化物催化剂 CeMnO$_x$ 活性评价

(1)设定评价条件。

将设定评价条件填入表 4-4。

表 4-4

预设初始浓度(ppm)	总流量 $F(mL/min)$	催化剂质量 $W(g)$	催化剂体积 $V(mL)$	空速 $SV(h^{-1})$

(2)确定实际初始浓度(已事先标定甲苯色谱峰面积与浓度之间对应关系)。

将实验数据及计算结果填入表 4-5。

表 4-5

甲苯峰面积				
实际初始浓度(ppm)				
平均初始浓度(ppm)				

(3)测定不同温度下的转化率,绘制转化率曲线。

将实验数据及计算结果填入表 4-6。

表4-6

温度(℃)							
出口气浓度(ppm)							
转化率(%)							

在图4-3中绘制转化率曲线。

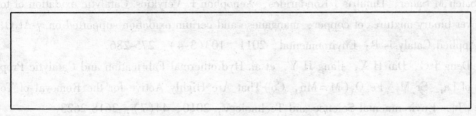

图4-3

六、分析与讨论

1. 影响挥发性有机物催化氧化效率的因素有哪些？

2. 在共沉淀法制备催化剂的过程中，将盐溶液滴加到沉淀剂中，或将沉淀剂滴加到盐溶液中，对最终产物是否有影响？

3. 如何确定催化剂的焙烧温度？

4. 如何根据转化率曲线来比较不同催化剂的活性？

5. 催化组分的粒径大小与反应活性之间有什么联系？

参考文献

[1] 李进军. 介孔催化材料的合成及对芳香烃有机污染物的氧化消除性能[D]. 北京：中国科学院生态环境研究中心，2006.

[2] Moretti E C, Mukhopadhyay N. VOC control：Current practice and future trends[J]. Chemical Engineering Progress，1993，89(7)：20-26.

[3] Faisal I K, Aloke K G. Removal of Volatile Organic Compounds from polluted air[J]. Journal of Loss Prevention in the Process Industries，2000，13(6)：527-545.

[4] Spivery J J. Complete catalytic oxidation of volatile organics[J]. Industrial& Engineering Chemistry Research，1987，26(11)：2165-2180.

[5] Kim S C, Shim W G, Ryu J Y. Effect of the Growth of Nano-Sized Pd Partical in 1 wt% Pd/γ−Al$_2$O$_3$Catalyst on the Complete Oxidation of Volatile Organic Compounds[J]. Journal of the Nanoscience and Nanotechnology，2010，10(5)：3521-3524.

[6] Saleh M S, Dimitris I K, Xenophon E V. Catalytic Activity of Supported Platinum and Metal

Oxidation Catalysts for Toluene Oxidation [J]. Topics in Catalysis, 2009, 52 (5): 517-527.

[7] Li T Y, Chiang S J, Liaw B J, ed al. Catalytic oxidation of benzene over $CuO/Ce_{1-x}Mn_xO_2$ catalysts[J]. Applied Catalysis B: Environmental, 2011, 103(1-2): 143-148.

[8] Aguilera D A, Perez A, Molina R, et al. Cu-Mn and Co-Mn catalysts synthesized from hydrotalcites and their use in the oxidation of VOCs [J]. Applied Catalysis B: Environmental, 2011, 104(1-2): 144-150.

[9] Saleh M Saqer, Dimitris I Kondarides, Xenophon E Verykios. Catalytic oxidation of toluene over binary mixtures of copper, manganese and cerium oxidation supported on γ-Al_2O_3[J]. Applied Catalysis B: Environmental, 2011, 103(3-4): 275-286.

[10] Deng J G, Dai H X, Jiang H Y, et al. Hydrothermal Fabrication and Catalytic Properties of $La_{1-x}Sr_xM_{1-y}Fe_yO_3$(M = Mn, Co) That Are Highly Active for the Removal of Toluene [J]. Environmental Science and Technology, 2010, 44(7): 2618-2623.

第五章　氮氧化物的催化还原

氮氧化物(NO_x)指的是由氮元素和氧元素组成的化合物,包括NO、NO_2、N_2O、N_2O_3、N_2O_4和N_2O_5等。其中,NO、NO_2是大气中的常见污染物,它们在空气中通过光化学反应,相互转化达到平衡。大气中的NO_x可以造成一系列有害的环境效应。在空气湿度较大或者有云雾存在的情况下,NO_x与水汽反应形成的硝酸是酸雨的重要成分;在太阳光的作用下,NO_x与空气中的有机物发生化学反应,生成臭氧、醛、酮、酸、过氧乙酰硝酸酯等二次污染物,形成浅蓝色有刺激性的烟雾污染,即光化学烟雾;扩散到平流层中NO_x可与O_3发生一系列光化学反应,导致O_3层的耗损;此外,NO_2通过呼吸作用进入人体血液后,可与血红蛋白结合,抑制血液的输氧作用,危害人体健康。大气中的NO_x来源分为天然源和人为源。天然排放过程主要是有机物的分解,参与自然界的氮循环过程,在自然条件下不会对环境造成破坏作用。然而,随着工业发展,人类活动导致大量NO_x排放,使大气中NO_x的浓度迅速升高,危害生态安全。

人为NO_x排放的主要过程是化石燃料的燃烧,可分为移动源和固定源两个方面,移动源即机动车、飞机等使用内燃机的交通工具,固定源即火电厂、工业锅炉、燃煤窑炉等。化石燃料高温燃烧使空气中的氮气氧化,以及含氮化合物的高温氧化,都会造成NO_x的排放。高温燃烧的情况下,排放的主要是NO。化石能源在极大地促进了社会发展的同时,其燃烧过程中造成的NO_x污染的问题也严重制约了人们生活水平的提高,工业化国家都已经注意到这个问题,对NO_x的排放控制提出了很高的要求。科研人员发展了多种降低烟气或尾气中NO_x浓度(脱硝)的技术,包括选择性催化还原、选择性非催化还原、液体吸收法、等离子体活化法、吸附法等。其中,利用还原剂将NO_x还原成氮气,是目前研究最多、应用最为成熟的技术。

一、目的与要求

(1)掌握氮氧化物选择性催化还原的基本原理;

(2)掌握烟气分析仪的使用方法;

(3)了解几种基本的催化剂的制备方法;

(4)了解基本的催化剂表征和评价方法。

二、基本原理

选择性催化还原(Selective Catalytic Reduction,SCR)是由美国 Eegelhard 公司于 20 世纪 50 年代发明的脱硝技术,日本率先在 20 世纪 70 年代将该技术实现了工业化,现在已经在世界上多个国家得到了推广应用。SCR 的原理是在催化剂作用下,还原剂在 400℃ 以

下将 NO_x 还原为 N_2。传统的还原剂为 NH_3，NH_3 只与 NO_x 和 O_2 反应选择性生成 N_2，而基本上不被氧气氧化成 NO_x。

氨选择性还原 NO_x 的主要反应式为

$$4NH_3 + 4NO + O_2 \rightarrow 4N_2 + 6H_2O \tag{1}$$

$$4NH_3 + 2NO_2 + O_2 \rightarrow 3N_2 + 6H_2O \tag{2}$$

$$2NH_3 + NO + NO_2 \rightarrow 2N_2 + 3H_2O \tag{3}$$

近年来的研究表明，低碳烃（HC）、CO 及乙醇等也可以作为 NO_x 选择性催化还原反应的还原剂，这在有些情况下有利于减少副产物和降低脱硝成本。

NO_x 催化剂具有一个特点：对于特定的催化剂而言，存在一个合适的温度范围，在该温度范围内，催化剂可以实现较高的 NO_x 还原转化率，该温度范围一般称为催化剂的操作温度窗口。温度窗口是评价一个催化剂优劣的重要指标，较宽的温度窗口意味着更能适应多变的排气温度。在实际的 NO_x 催化还原工程实践中，常常利用排放的烟气或者尾气自身的余热使催化剂升温，达到 NO_x 还原反应发生的温度。由于排放源的差异，造成含 NO_x 的烟气或尾气温度多样，同时，对于同一排放源，废气温度往往也存在时间上的差异，因此，通常需要选择具有较宽温度窗口的催化剂，以适应多变的排放条件。

目前，得到广泛应用的成熟商业催化剂的主要成分是 V_2O_5/TiO_2，并含有一定量 MoO_3 或 WO_3 作为助催化剂，此类催化剂的温度窗口一般为 $300 \sim 400^\circ C$，由于原材料有毒，使用过程中，组分脱落易造成二次污染。为了满足不同 NO_x 排放条件下的需求，近年来，科研人员研究开发了多种 SCR 催化剂，总体上可以分为贵金属催化剂、金属氧化物催化剂和分子筛催化剂：贵金属催化剂主要包括 Pt、Pd、Rh 等，通常负载在高比表面的载体上；金属氧化物催化剂种类较多，常见的有 Fe、Cr、Cu、Ni、Co、Mo、Mn、Zn 等金属的氧化物，或者是钙钛矿、尖晶石等结构的复合氧化物；分子筛催化剂指的是以分子筛为载体的催化剂，常用的分子筛有 ZSM-5、超稳 Y 分子筛（USY）、β 分子筛（BEA）、丝光沸石（MOR）、镁碱沸石（FER）等，活性组分主要有 Cu、Fe、Co、Mn、Ni、Pt、Pd、Rh 等，一般通过离子交换法和浸渍等方法将活性组分负载到分子筛上。

浸渍法和共沉淀法是制备催化剂的常用方法，这在第四章中已有介绍。对于分子筛载体，由于其自身常具有离子交换性能，还可以通过离子交换法制备催化剂，即在水溶液中，用活性组分金属离子取代分子筛中的可交换离子，如 Na^+、K^+ 等，得到活性组分高度分散的催化剂。

在实验室研究、环境监测或者脱硝工程实践中，常用烟气分析仪来测定气体中的 NO_x 浓度。烟气分析仪是利用电化学气体传感器和红外传感器进行气体组分浓度分析的设备。电化学气体传感器由过滤器、渗透膜、电解槽、电极、电解液等部件组成，待测气体被过滤器除尘、除湿后，经由渗透膜进入电解槽，被电解液吸收，在电极之间施加了一定的电位，气体在电极上发生氧化还原反应，产生的电信号与气体浓度成正比，因而可以根据电信号进行气体浓度定量。红外传感器则是利用有些气体对红外电磁波的特征吸收进行气体成分和含量分析。为了对多个气体组分进行分析，可以配备多个传感器，同时测量 O_2、NO、NO_2、NO_x、NH_3、HC、CO、SO_2 等组分的浓度。

三、仪器与试剂

（1）烟气分析仪。

（2）加热磁力搅拌器。

（3）鼓风干燥箱。

（4）布氏漏斗。

（5）抽滤瓶。

（6）医用真空泵。

（7）恒温水浴锅。

（8）箱式电阻炉（马弗炉）。

（9）气体质量流量控制器。

（10）管式电阻炉。

（11）温度控制仪。

（12）高压钢瓶 O_2。

（13）高压钢瓶 N_2。

（14）高压钢瓶 NH_3。

（15）高压钢瓶 NO。

（16）混气罐。

（17）分析天平。

（18）移液器。

（19）滴管。

（20）玻璃棒（1mm）。

（21）研钵。

（22）标准筛。

（23）石英玻璃管（内径 6mm，外径 8mm，长 500mm）。

（24）不锈钢管（3mm）。

（25）硅胶管（3、6mm）。

（26）烧杯（100mL）。

（27）坩埚（25mL）。

（28）$Cu(CH_3COO)_2 \cdot H_2O$。

（29）H-ZSM-5 分子筛。

（30）去离子水。

四、实验步骤

1. 催化剂制备

（1）浸渍法制备 Cu/ZSM-5 催化剂。

称取 2.5g $Cu(CH_3COO)_2 \cdot H_2O$，置于 100mL 的烧杯中，加入 20mL 水，搅拌使 $Cu(CH_3COO)_2 \cdot H_2O$ 溶解。称取 8g H-ZSM-5 分子筛，加入到 $Cu(CH_3COO)_2$ 溶液中，在加热磁力搅拌器上搅拌均匀，升温至 80℃，持续搅拌至水挥发尽，100℃烘干。转入坩埚中，在马弗炉中 500℃焙烧 3h，得到催化剂，标记为 Cu/ZSM-5-imp。

（2）离子交换法制备 Cu/ZSM-5 催化剂。

量取 50mL 去离子水，置于 100mL 的具塞锥形瓶中，加入 2.5g Cu(CH₃COO)₂·H₂O，搅拌使之溶解，加入 8g H-ZSM-5 分子筛，将锥形瓶置于 80℃的水浴锅中，恒温持续搅拌 48h，使之发生离子交换反应。然后过滤，将滤饼用 50mL 去离子水洗涤 3 遍，100℃烘干。转入坩埚中，在马弗炉中 500℃焙烧 3h，得到催化剂，标记为 Cu/ZSM-5-ie。

（3）焙烧分解法制备 CuO 催化剂。

称取 2.5g Cu(CH₃COO)₂·H₂O，置于坩埚中，在马弗炉中 500℃焙烧 3h，得到催化剂，标记为 CuO。

2. 催化剂表征

对所制备的催化剂进行 XRD 和 TEM 表征，获取有关晶相结构与活性组分分散度等信息。

3. 催化剂活性评价

催化剂对 NOₓ 的选择性催化还原模拟研究装置如图 5-1 所示。

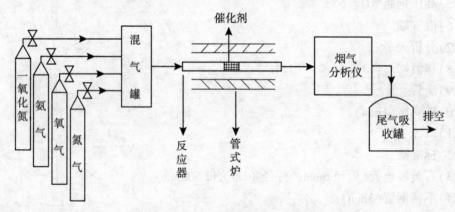

图 5-1　SCR 催化剂活性评价装置

催化活性评价在连续流反应器内进行，反应器通常为石英管。评价前，将催化剂研磨筛分，取 0.2g 粒度为 40-60 目的催化剂置于反应器内，催化剂床层两端用石英棉固定。将反应器置于管式电阻炉中，并使催化剂位于管式炉的核心加热区，用硅胶管和变径使反应器与气路连接，管式炉温度用控温仪控制。

采用标准钢瓶气模拟烟气。由于典型烟气中 NOₓ 大部分为 NO，NO₂ 的量很少，本实验中采用 NO 代表 NOₓ。模拟烟气组分为 NO、O₂ 和 N₂，以 NH₃ 作为还原剂。用流量计控制从钢瓶中出来的反应气的流量，使混合气中 NO、NH₃、O₂、N₂ 体积分数分别为 0.05%、0.05%、5% 和 94.9%，气体总流量控制为 600mL/min。先将反应器的进气端和出气端短接，用烟气分析仪测定反应器各组分的初始浓度为 c_0，然后使反应混合气流经反应器的催化剂床层，将反应器升到不同温度，记录在每一个温度点时出口气中各组分的浓度 c，根据浓度变化计算 NO 和 NH₃ 的转化率。转化率的计算公式为

$$\varphi = \frac{c_0 - c}{c_0} \times 100\%$$

五、实验结果与数据处理

1. 浸渍法制备的 Cu/ZSM-5-imp 催化剂活性评价

(1) 设定评价条件。

将设定评价条件填入表 5-1。

表 5-1

流量 F(mL/min)					催化剂质量 W(g)	催化剂体积 V(mL)	空速 SV(h^{-1})
NO	NH$_3$	O$_2$	N$_2$	总			

(2) 初始浓度。

将初始浓度填入表 5-2。

表 5-2

组 分	NO	NH$_3$	O$_2$	N$_2$
初始浓度(%)				

(3) 测定不同温度下出口气中 NO 的浓度,绘制 NO 转化率曲线。

将实验数据和计算结果填入表 5-3。

表 5-3

温度(℃)						
出口气 NO 浓度(%)						
NO 转化率(%)						

在图 5-2 中绘制 NO 转化率曲线。

图 5-2

(4)测定不同温度下出口气中 NH$_3$ 的浓度，绘制 NH$_3$ 转化率曲线。

将实验数据及计算结果填入表5-4。

表 5-4

温度(℃)						
出口气 NH$_3$ 浓度(%)						
NH$_3$ 转化率(%)						

在图 5-3 中绘制 NH$_3$ 转化率曲线。

图 5-3

2. 离子交换法制备的 Cu/ZSM-5-ie 催化剂活性评价

(1)设定评价条件。

将设定评价条件填入表5-5。

表 5-5

流量 F(mL/min)					催化剂质量 W(g)	催化剂体积 V(mL)	空速 SV(h^{-1})
NO	NH$_3$	O$_2$	N$_2$	总			

(2)初始浓度。

将初始浓度填入表5-6。

表 5-6

组　分	NO	NH$_3$	O$_2$	N$_2$
初始浓度(%)				

(3)测定不同温度下出口气中 NO 的浓度，绘制 NO 转化率曲线。

将实验数据及计算结果填入表5-7。

表 5-7

温度(℃)								
出口气 NO 浓度(%)								
NO 转化率(%)								

在图 5-4 中绘制 NO 转化率曲线。

图 5-4

(4)测定不同温度下出口气中 NH_3 的浓度，绘制 NH_3 转化率曲线。
将实验数据及计算结果填入表 5-8。

表 5-8

温度(℃)								
出口气 NH_3 浓度(%)								
NH_3 转化率(%)								

在图 5-5 中绘制 NH_3 转化率曲线。

图 5-5

3. 焙烧分解法制备的 CuO 催化剂活性评价
(1)设定评价条件。
将设定评价条件填入表 5-9。

表 5-9

流量 F(mL/min)					催化剂质量 W(g)	催化剂体积 V(mL)	空速 $SV(h^{-1})$
NO	NH_3	O_2	N_2	总			

（2）初始浓度。

将初始浓度填入表 5-10。

表 5-10

组　分	NO	NH$_3$	O$_2$	N$_2$
初始浓度(%)				

（3）测定不同温度下出口气中 NO 的浓度，绘制 NO 转化率曲线。

将实验数据及计算结果填入表 5-11。

表 5-11

温度(℃)							
出口气 NO 浓度(%)							
NO 转化率(%)							

在图 5-6 中绘制 NO 转化率曲线。

图 5-6

（4）测定不同温度下出口气中 NH$_3$ 的浓度，绘制 NH$_3$ 转化率曲线。

将实验数据及计算结果填入表 5-12。

表 5-12

温度(℃)							
出口气 NH$_3$ 浓度(%)							
NH$_3$ 转化率(%)							

在图 5-7 中绘制 NH$_3$ 转化率曲线。

图 5-7

六、分析与讨论

1. 采用离子交换法合成分子筛催化剂时，影响负载量的因素有哪些？
2. 离子交换法和浸渍法相比，各有何优缺点？
3. 哪些物质可以作为 NO_x 选择性催化还原反应的还原剂？
4. 烟气分析仪可以用于哪些气体组分的分析？
5. 三种不同的铜基催化剂，活性温度窗口上有何异同？
6. 除了铜基催化剂，还有哪些催化剂可以用于 NO_x 的选择性催化还原？
7. 在实际应用中，SCR 反应的效率还受哪些共存气体组分的影响？

参考文献

[1] 黄修国，李彩亭，路培，等. CuMn-ZSM-5 在 NH_3 选择催化还原 NO 反应中的催化活性 [J]. 中南大学学报：自然科学版，2010，41(5)：2034-2038.

[2] Shishkin A, Carlsson P A, Harelind H, et al. Effect of Preparation Procedure on the Catalytic Properties of Fe-ZSM-5 as SCR Catalyst[J]. Topics in Catalysis, 2013, 56(9-10)：567-575.

[3] Sultana A, Nanba T, Haneda M, et al. Influence of co-cations on the formation of Cu^+ species in Cu/ZSM-5 and its effect on selective catalytic reduction of NO_x with NH_3 [J]. Applied Catalysis B：Environmental, 2010, 101(1-2)：61-67.

[4] 郭凤，余剑，朱剑虹，等. Mn-Fe-Ce/TiO_2 低温 NH_3 选择性催化还原 NO[J]. 过程工程学报，2009，9(6)：1192-1197.

[5] Sjovall H, Olsson L, Fridell E, et al. Selective catalytic reduction of NOx with NH3 over Cu-ZSM-5—The effect of changing the gas composition [J]. Applied Catalysis B：Environmental, 2006, 64(3-4)：180-188.

[6] 胡晓宏，刘艳华，董淑萍. 氮氧化物选择性催化还原催化剂研究综述[J]. 环境科学与技术，2007，30(11)：107-111.

[7] 姜建清，潘华，孙国金，等. 过渡金属/分子筛催化剂上选择性催化剂还原氮氧化物的研究进展[J]. 化工进展，2012，31(1)：98-106.

第六章 有机物正辛醇/水分配系数的测定——经典摇瓶法

1. 正辛醇/水分配系数

有机化合物正辛醇/水分配系数(n-octanol/water partition coefficient)是指：在一个由正辛醇和水组成的两相平衡体系中，化合物在正辛醇相的浓度c_0与其在水相中非离解形式浓度c_w的比值，即

$$K_{ow} = \frac{c_o}{c_w}$$

分配系数K_{ow}无量纲，是一种平衡常数，与自由能成对数线性关系，因此，它通常以对数形式($\log K_{ow}$)出现在定量结构活性相关 QSAR (Quantitative Structure-Activity Relationship)关系式中。

K_{ow}反映了有机化合物在有机相和水相间分配的一种倾向，或者说反映了该化合物的疏水与亲水的一种性质，K_{ow}越大，其疏水性就越大。K_{ow}的大小主要取决于化合物与正辛醇和水两种溶剂间相互作用力的大小及性质。分子间作用力与辛醇相似的化合物K_{ow}较大，如壬醇。分子间作用力与水相似的化合物K_{ow}一般都较小，如甲醇。

需要指出的是，不能把K_{ow}理解为有机物的正辛醇溶解度S_o和水溶解度S_m之比，因为在正辛醇/水系统中，正辛醇相已不再是纯的正辛醇，其中溶有少量的水；同样，水相中也溶有少量正辛醇。研究表明，当两相平衡时，可以计算出辛醇相中含有 2.3mol/L 水，水相中含有 4.5×10^{-3}mol/L 辛醇。Karickhoff 等和 Chiou 等研究了脂肪烃、芳烃、芳香酸、有机氯和有机磷农药、多氯联苯等化合物的正辛醇/水分配系数与其水溶解度(S_w)之间的关系，建立了如下计算模型：

$$\log K_{ow} = 5.00 - 0.670 \log(S_w/M \times 10^3)$$

2. 正辛醇/水分配系数的应用

在目前的研究中，分配系数均是指正辛醇/水分配系数。其原因在于正辛醇是一种长链烷烃醇，它具有一个极性亲水羟基(-OH)，和一个含有 8 个碳原子的直链烷烃疏水基团，结构稳定，不易挥发。在结构上与生物体组织类似，因此，Hansch 等推荐用正辛醇/水分配系数来模拟研究生物/水体系。

正辛醇/水分配系数的研究最初是随着人们对药物的化学结构-活性关系的研究发展起来的。药物学的研究表明，药物的亲酯性在药物的代谢中是十分重要的，不同类型的化合物在各种体系中的吸收、分配和代谢与K_{ow}有着极为密切的关系，因此，正辛醇/水分配系数对于建立药物的结构变化与所观察的药物的生物、生物化学和毒性效应之间的相关性，是一个十分有用的参数。

近 30 年来，正辛醇/水分配系数已经成为描述有机化合物在环境中行为的重要物理化学特性参数。研究表明，有机物的分配系数与水溶解度、生物浓缩因子及土壤、沉积物吸附系数等物理化学参数均有很好的相关性(如图 6-1 所示)。对于研究有机污染物在多介质环境中的行为和生态效应具有非常重要的意义，是毒性预测、环境寿命评价、暴露分析评价、风险评价等工作的基础，特别是在多介质环境数学模型的研究中是一个不可缺少的参数。

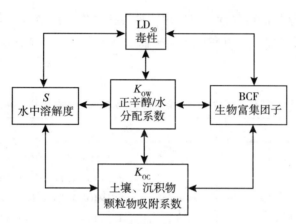

图 6-1　分配系数与有机污染物在环境中行为的相关性

随着人们对正辛醇/水分配系数认识的逐渐深入，其应用领域不断扩大，已被广泛应用于农药、化工产品分离与提纯、环保等许多行业。例如，根据正辛醇/水分配系数可以预测农药对害虫的杀伤力和农药在土壤和水体中的吸附与解吸、从土壤和水体向空气中的挥发、从环境介质向生物体的富集，进而评价有机农药对生态环境的影响；根据化合物的正辛醇/水分配系数选择分离提纯所用的最佳萃取剂。

3. 测定方法

分配系数的获得可分为实验测定和估算两类方法。其中实验测定，又可分为直接测定法和间接测定法。

直接测定法：是将被测物质溶解在正辛醇/水的饱和溶液中，当被测物质在两相中达到液液平衡时，分别测定其在正辛醇相和水相中的浓度，从而计算出该物质的正辛醇/水分配系数，通常采用的方法有摇瓶法、慢搅拌法、两相滴定法、萃取法等。

间接测定法：是指通过测定与正辛醇/水分配系数有关的数值(如停留指数或容量因子)来计算正辛醇/水分配系数，主要包括产生柱法、色谱法等。

估算法：有碎片常数法、结构因子法、QSPR 方法、活度系数法、基团贡献法等。

4. 摇瓶法的特点

(1)摇瓶法要求在恒温、恒压和一定的 pH 值，且溶质在任何一相中的初始浓度不超过 0.01mol/L 的条件下进行。因为分配定律只适用于稀溶液，只有在低浓度时，活度近似于浓度。对于易溶于辛醇相而微溶于水相的有机化合物，当待测物浓度较高的时候，物质会更多地分配到辛醇相中去，其 K_{ow} 随待测浓度的增大而增大即(K_{ow} 成为浓度的函数，不再是一个定值)。这显然不符合分配定律的适用条件。在一般常见的天然水环境中，其中有机化合物的浓度都是很低的，可以认为 K_{ow} 不随浓度变化而变化。

(2)用摇瓶法测定分配系数时，一般要求至少要做两种不同正辛醇相初始浓度的实验，通常第一个浓度为第二个浓度的 10 倍。

(3)由于正辛醇中有机物的浓度难以测定，通常选择测定水中有机物的浓度，根据测定的水相中分配前后有机物的浓度差，确定样品在有机相中分配后的浓度，求得分配系数。

(4)为保证实验结果的可靠性，可选用一种参比物作为控制样，与受试物在同样条件下进行 K_{ow} 测定。OCED 推荐的几种测定有机化合物正辛醇/水分配系数实验的参比物及其值见表 6-1。

表 6-1　　　　几种测定有机化合物正辛醇/水分配系数实验的参比物及其值

化合物	K_{ow}
邻苯二甲酸(2-乙基己基)酯	$1.3 \times 10^5 (4.6 \times 10^4 \sim 2.8 \times 10^5)$
六氯苯	$3.6 \times 10^5 (1.1 \times 10^5 \sim 8.3 \times 10^5)$
邻二氯苯	$5.1 \times 10^3 (1.5 \times 10^3 \sim 2.3 \times 10^4)$
二丁基邻苯二甲酸	$1.3 \times 10^4 (1.7 \times 10^3 \sim 2.8 \times 10^4)$
三氯乙烯	$2.0 \times 10^3 (5.2 \times 10^2 \sim 3.7 \times 10^3)$
尿素	$6.2 \times 10^{-2} (2.0 \times 10^{-2} \sim 2.4 \times 10^{-1})$

* 括号内的数据是由不同的实验者所测定的均值范围。

5. 方法的局限性

摇瓶法是最经典的直接测定有机化合物的正辛醇/水分配系数的方法，也是一种最为成熟的方法，是其他测定方法的基础，被广泛用于农药等大量有机化合物的 K_{ow} 值测定。但该法存在一定的局限性：

(1)比较费时，测定时需首先对待测物质进行多次测定，以确定样品在两相中达到分配平衡所需的时间；

(2)对受试物的溶解度有一定要求，因疏水性太强的化合物在水相中的溶解度太低而难以准确测定其浓度，一般认为适宜的 K_{ow} 范围为 $10^{-2} \sim 10^4$；

(3)对受试物的纯度要求高；

(4)对于可能发生解离的化合物，应采用适当的缓冲溶液。对于自由酸，缓冲液的 pH 值至少为 pK-1；对于自由碱，缓冲液的 pH 值至少为 pK+1，以确保受试物呈分子状态；

(5)当受试物有表面活性作用时，往往发生乳化现象，此时不能用摇瓶法测定。

一、目的与要求

(1)结合理论课，巩固有机化合物的正辛醇/水分配系数的定义及在环境化学研究中的作用。

　　(2)了解测定有机化合物的正辛醇/水分配系数的方法。

　　(3)掌握用经典摇瓶法测定分配系数的操作技术。

二、实验原理

　　摇瓶法(Shake flask method)是最经典的直接测定 K_{ow} 的方法，是其他测定方法的基础，被广泛地应用于有机化合物 K_{ow} 值的测定，并被经济发展与合作组织(OECD)确定为标准方法。

　　该方法是在密闭容器中加入一定体积用水饱和的正辛醇配制的受试物溶液和一定体积用正辛醇饱和的蒸馏水，放在恒温(实验温度为 20～25℃)振荡器中振荡，使之达到分配平衡。离心后，测定水相中浓度。然后根据分配前受试物在辛醇相的浓度(已知)计算出分配后受试物在正辛醇相的平衡浓度，进而算出分配系数。

三、仪器与试剂

　　(1)恒温振荡器。

　　(2)离心机。

　　(3)紫外-可见分光光度计。

　　(4)分液漏斗。

　　(5)10mL 比色管。

　　(6)10mL 玻璃具塞离心管。

　　(7)5mL 玻璃注射器(带针头)。

　　(8)正辛醇(A.R)。

　　(9)萘标准储备液 2.000g/L：称取 0.2000g 萘(A.R)，用乙醇溶解后转入 100mL 容量瓶并稀释至刻度。

　　(10)萘标准使用液 100mg/L：将储备液用乙醇稀释 20 倍。

　　(11)对二甲苯标准储备液 100mL/L：移取 1.00mL 对二甲苯(A.R)于 10mL 容量瓶中，用乙醇稀释至刻度。

　　(12)对二甲苯标准使用液 400μL/L：取储备液 0.10mL 于 25mL 容量瓶中，再用乙醇稀释至刻度。

四、实验步骤

　　溶剂的预饱和：向分液漏斗中加入 20mL 正辛醇和 200mL 二次蒸馏水，置于振荡器上，振荡 24h，使二者相互饱和，静置使两相分离，将两相界面附近的溶剂弃去，分别保存备用。

(一)标准曲线的绘制

1. 萘

用移液管分别吸取 100mg/L 的萘标准使用液 0.10、0.20、0.30、0.40、0.50mL 于

10mL 比色管中，用正辛醇饱和的水稀释至刻度，摇匀，得到浓度为 1.00、2.00、3.00、4.00、5.00μg /mL 的一组标准溶液。在紫外-分光光度计上，选择波长为 278nm，以正辛醇饱和的水为参比，测定标准系列的吸光度 A。

2. 对二甲苯

用移液管分别吸取 400μL/L 的对二甲苯标准使用液 1.00、2.00、3.00、4.00、5.00mL，于 25mL 容量瓶中，用正辛醇饱和的水稀释至刻度，摇匀。在紫外-可见分光光度计上，选择波长为 227nm，以正辛醇饱和的水为参比，测定标准系列的吸光度 A。

运用科学数据处理软件 Origin 进行数据处理，绘出标准曲线，并给出线性回归方程。

(二) 分配系数的测定

1. 萘-正辛醇溶液的配制

称取 0.0700g 萘，以用水饱和的正辛醇溶液溶解后转入 10mL 容量瓶中并稀释至刻度，配成 7000mg/mL 的溶液。

2. 对二甲苯-正辛醇溶液的配制

移取 4.0mL 对二甲苯于 100mL 容量瓶中，以用水饱和的正辛醇溶液稀释至刻度，该溶液浓度为 $4×10^4μL /L$。

3. 平衡时间的确定

移取 1.00mL 上述两种溶液各 5 份于 10mL 具塞离心管中，用正辛醇饱和的二次水稀释至刻度。盖紧塞子，平放并固定在恒温振荡器上(25±0.5℃)，分别振荡 1.0、1.5、2.0、2.5、3.0h，立即取出样品，然后放到离心机中，以 3000r/min 的转速离心 10min，取水相，按标准曲线的测定方法测定受试物的吸光度并绘制吸光度-时间曲线。起初，随着振荡时间的增加，水相中受试物的浓度逐渐提高，吸光度逐渐上升，达到一定时间时，水中受试物的浓度不再变化，吸光度趋于稳定，表明受试物在两相中已达到分配平衡，这一时间即为平衡时间。

取水相时，由于辛醇相在上层，很容易对水相造成污染。可采用如下方法：先用一支滴管小心吸去大部分的辛醇相，再用一支 5mL 带针头的玻璃注射器，首先在注射器内吸入部分空气，当注射器通过正辛醇相时，轻轻排除空气，"吹"开正辛醇相。针头进入水相一定深度后，吸取足够的水相，迅速从溶液中抽出注射器，拆下针头后，注射器中留下的即是无正辛醇污染的水相。

4. 分配系数的测定

取 7000mg/mL 的萘溶液 1.00mL 于具塞 10mL 离心管中，加水稀释至刻度，塞紧塞子，平放并固定在恒温振荡器上(25±0.5℃)，按步骤 3 所确定的平衡时间振荡，并按步骤 3 的方法测定萘的浓度。平行做三份，同时以 1.00mL 用水饱和的正辛醇代替上述样品做空白试样(两份)。

按同样方法测定对二甲苯的分配系数。

五、结果与计算

将实验数据及计算结果分别填入表 6-2 ~ 6-5。

表6-2　　　　　　　　　　　　　　　萘标准曲线的测定结果

编　号	1	2	3	4	5
浓度(μg/mL)					
吸光度(A)					

表6-3　　　　　　　　　　　　　对二甲苯标准曲线的测定结果

编　号	1	2	3	4	5
浓度(μl/mL)					
吸光度(A)					

用 Origin 进行数据处理，所得线性方程为：

相关系数为：

表6-4　　　　　　　　　　　　　　平衡时间的测定结果

样　号	1	2	3	4	5
平衡时间(h)	1.0	1.5	2.0	2.5	3.0
萘吸光度					
对二甲苯吸光度					

平衡时间：

表6-5　　　　　　　　　　　　　　分配系数的测定结果

样　品	萘			对二甲苯		
	样1	样2	样3	样1	样2	样3
吸光度($A_{样}-A_{空白}$)						
c_a						
K_{ow}						
$\log K_{ow}$						
平均值						

分配系数按下式计算：$K_{ow} = \dfrac{c_o \times V_o - c_a \times V_a}{c_a V_o}$

式中：

c_o——有机化合物在正辛醇相中的初始浓度，μg/mL；

c_a——达到平衡后有机化合物在水相中的浓度，$\mu g/mL$；

V_o 和 V_a 分别为正辛醇相和水相的体积，mL。

将所得 K_{ow} 值取以 10 为底的对数即 $\lg K_{ow}$。

六、注意事项

1. 正辛醇挥发到空气中有特殊的气味，实验中应做好废液的回收，并保持实验室空气的流通。

2. 正辛醇黏度较大，在移取时应让粘在移液管壁上的正辛醇尽量流下，以保证体积准确。

3. 比色皿在使用前后，应用乙醇洗干净，以免残存化合物吸附在比色皿上。

七、思考与讨论

1. 正辛醇/水分配系数的测定有何意义？
2. 选择正辛醇/水体系有何依据？
3. 摇瓶法测定正辛醇/水分配系数有哪些优缺点？

参考文献

[1] Karickhoff S W, Brown D S, Scott T A. Sorption of hydrophobic pollutants on natural sediments[J]. Water research, 1979, 13(3): 241-248.

[2] Chiou C T, Freed V H, Schmedding D W, et al. Partition coefficient and bioaccumulation of selected organic chemicals[J]. Environmental Science & Technology, 1977, 11(5): 475-478.

[3] Hansch C, Maloney P P, Fujita T, et al. Correlation of biological activity of phenoxyacetic acids with Hammett substituent constants and partition coefficients[J]. 1962.

[4] 何艺兵, 赵元慧, 王连生. 有机化合物正辛醇/水分配系数的测定[J]. 环境化学, 1994, 13(3): 195-197.

[5] 周岩梅, 刘瑞霞, 汤鸿霄. 溶解有机质在土壤及沉积物吸附多环芳烃类有机污染物过程中的作用研究[J]. 环境科学学报, 2003, 23(2): 216-223.

[6] 王连生, 汪小江, 王万春. 有机污染物正辛醇/水间的分配系数的估算与实测方法[J]. 环境科学丛刊, 1987, 8(8): 42-50.

[7] 叶常明. 多介质环境污染研究[M]. 北京: 科学出版社, 1997.

第七章　分配系数的测定——液相色谱法

平衡状态下，化学品在正辛醇/水两相中的浓度之比称为其正辛醇/水分配系数（K_{ow}），分配系数是化学品的一个基本环境参数。K_{ow}值反映了化学品的脂溶性与水溶性大小，决定了其在土壤、沉积物上的吸附行为，化合物在生物体内的吸收、分配和代谢以及化合物在生物组织中的活性和毒性也与之相关。因此，K_{ow}值是预测化学品在环境中的迁移、分配、归趋以及评价其对环境和人体健康危害的重要参数。

摇瓶法是经典的测量化学品分配系数的方法，测量结果准确、重复性好，到目前为止，大部分化学品的正辛醇/水分配系数是通过摇瓶法得到的。但摇瓶法对受试物的纯度要求高，而且对于疏水性较强的物质，因为其在水相中的浓度较低，难以准确定量测定。由于摇瓶法具有一定的局限性，研究人员发展了多种预测化学品K_{ow}参数的方法，作为传统方法的补充，如参数间的相互预测、定量构效关系模型、色谱法等。而且随着预测研究的深入，预测精度越来越高，已成为环境化学的一个研究热点。

早在20世纪30年代，Hammett在研究中发现化合物的结构与其生物活性之间存在一定的关系，后来就把这种结构-活性相关性称为定量结构-活性关系（Quantitative Structure–Activity Relationship，QSAR）。到20世纪六七十年代，随着大量化学物质投放到环境中，QSAR开始应用于研究化合物的环境效应。当前，QSAR的基本思想是采用数学统计建模方法，将物质的分子结构信息与物质的理化性质相关联，建立物性数据与结构参数之间的数学量化关系，从而可以通过物质的分子结构来预测其理化性质。

定量结构-保留相关关系（Quantitative Structure–Retention Relationship，QSRR）研究是QSAR的研究方法与色谱科学相结合的具体应用，它主要以物质的色谱保留行为与其分子结构和理化性质之间的量化关联为研究内容。大量QSRR的研究表明，化学品的色谱保留行为与其正辛醇/水分配系数存在数学上的相关性，因此可以根据色谱保留行为预测K_{ow}值，即色谱法测定化学品的K_{ow}值。色谱法包括反相高效液相色谱法（RP-HPLC）、胶束电动色谱法（MECK）、薄层色谱法（TLC）及逆流色谱法。其中RP-HPLC法是应用最多的一种，因为该法简单、方便、快速、重现性好，对样品纯度要求也不高，且允许较宽的K_{ow}范围。1987年经济发展与合作组织（OCED）通过了用高效液相色法测定K_{ow}的指南。我国也就相关试验方法制订了国家标准（GB/T 21852—2008）。

由于酚类化合物在化工、炼油、冶金、塑料、医药、农药、玻璃等行业的广泛应用，其成为主要的水体污染物之一。环境中的酚类污染物，通过食物链富集在人体中，会对人体产生一定毒害作用。酚类化合物的毒性作用表现为与细胞原浆中的蛋白质发生化学反应，使细胞变性，甚至使蛋白质凝固，以及能够作为外源性雌激素干扰内分泌系统。酚类化合物种类较多，尤以取代酚特别是氯酚危害较大，是我国优先控制的有毒有机污染物。

为了更好地评估酚类污染物的环境行为及危害，测定和估算其环境参数显得尤为重要。研究发现酚类化合物的正辛醇/水分配系数与其他理化参数(溶解度、土壤/沉积物吸附系数、生物富集因子)以及毒性、致癌性都有密切关系。

取代酚类化合物在水中可以部分电离，因此体系的温度和酸碱度可能会对其水溶性和正辛醇/水分配系数产生一定的影响。另外，取代基和取代基位置对此类化合物的水溶解度和分配系数都会有一定的影响。本实验采用反相高效液相色谱法测定一系列酚类化合物的正辛醇/水分配系数，以期学习液相色谱法测定的原理与方法，并探讨不同取代基对其分配系数的影响。

一、目的与要求

(1)学习液相色谱的使用方法。
(2)掌握液相色谱法测定化合物正辛醇/水分配系数的原理和方法。

二、基本原理

液相色谱是一种分离混合物的有效工具，其理论基础是混合物中各组分在色谱的固定相和流动相之间的分配系数(即在一定温度下，组分在固定相和流动相之间分配达到平衡时的浓度比)不同。分配系数的差异来源于不同组分在结构和性质上的差异导致的它们与固定相之间的相互作用力大小不同。当混合物随着流动相进入色谱柱后，各组分在两相间经过反复多次的分配，不同的物质会以不同的速度沿固定相移动，最后在不同时间流出色谱柱。通常采用高压输液系统将流动相泵入装有固定相的色谱柱，称之为高效液相色谱(High performance liquid chromatography，HPLC)。由极性固定相和非极性(或弱极性)流动相所组成的 HPLC 体系称之为正相高效液相色谱，反之，由非极性固定相和极性流动相所组成的 HPLC 体系称之为反相高效液相色谱。在色谱法分离应用中，多数情况下使用的是反相高效液相色谱。

组分从进样到其在色谱柱后出现浓度极大值所需的时间，称为该组分的保留时间(t_R)。如果组分不与固定相产生相互作用，即其在固定相上不分配，则其通过色谱柱的保留时间称之为死时间(t_0)，通常情况下死时间即是流动相溶剂通过色谱柱所需要的时间。显然，化合物的保留时间与其在固定相和流动相之间的分配系数相关，在恒定色谱柱温度和流动相流速的情况下，分配系数越大，其流出色谱柱所需时间越长，保留时间越大，保留时间与分配系数之间存在线性关系。化学品在固定相和流动相之间的分配系数反映了其极性特点，即亲水/亲油特性。在反相高效液相色谱分离过程中，亲水性化学品与非极性固定相之间相互作用小，分配系数小，因而保留时间短；相反，亲油性化学品的保留时间较长。

环境化学上常用的正辛醇/水分配系数(K_{ow})也反映了化学品的亲水/亲油特性，K_{ow}值越大表明其疏水性越强，这与化学品在反相高效液相色谱系统上的分配系数相似。因此，化学品的正辛醇/水分配系数也会反映在其在色谱柱上的保留时间上。大量研究表明，化学品在特定反相高效液相色谱柱上的保留时间与其正辛醇/水分配系数存在数学比例关系，如式(7-1)所示：

$$\lg K_{ow} = a + b \times \lg \frac{t_R - t_0}{t_0} \tag{7-1}$$

式中，定义 $k = \frac{t_R - t_0}{t_0}$，$k$ 称之为容量因子，表示待测组分在固定相中的停留时间是不保留组分保留时间的倍数，其值与待测组分在色谱系统上的分配系数和色谱条件（温度、流动相流量等）相关。

则式(7-1)可用式(7-2)表示：

$$\lg K_{ow} = a + b \times \lg k \tag{7-2}$$

在特定的色谱条件下，a 和 b 为常数。若已知一组参比标准物质的 $\lg K_{ow}$，分别在一定的色谱条件下，测得它们的保留时间，计算出容量因子，将参比物的 $\lg K_{ow}$ 对 $\lg k$ 进行线性回归分析，得其回归方程，即可得到 a 和 b 值。再在同一色谱条件下，测定未知样品的保留时间，计算其容量因子，即可通过回归方程计算得到其 $\lg K_{ow}$ 值。

反相高效液相色谱法测定化学品的 $\lg K_{ow}$ 需要一系列正辛醇/水分配系数已知的标准物质来得到标准曲线，但操作简单，能快速测定，且对待测物的纯度没有严格要求。反相高效液相色谱法适用于 $\lg K_{ow}$ 值在 0～6 范围内样品的测定，但是不适用于强酸、强碱、金属络合物、表面活性剂及与流动相发生化学反应的化合物。本实验采用高效液相色谱法测定一系列酚类化合物的正辛醇/水分配系数。

三、仪器和试剂

(1)高效液相色谱仪(配紫外检测器及色谱工作站)。

(2)反相色谱柱(可为键合了非极性长链烃的硅胶柱，如 C8、C18)。

(3)保护柱。

(4)微量进样器(5μL)。

(5)蒸馏水或去离子水。

(6)甲醇(分析纯)。

(7)磷酸(分析纯)。

(8)硫脲。

(9)参比标准样品。

文献已报道其分配系数的参比有机物标样，见表7-1。

表 7-1　　　　　　　　　　　　　　参比物及辛醇/水分配系数

参比物	$\lg K_{ow}$
苯酚	1.5
氯苯	2.8
对二氯苯	3.4
2,6-二氯苄腈	2.6

参比物	$\lg K_{ow}$
异丙基苯	3.7
对甲氧基苯酚	1.3
溴苯	3.0
1，2，4-三氯苯	4.2

（10）待测酚类样品(邻硝基苯酚、2-氯苯酚、3-硝基苯酚、2，4-二硝基苯酚、对硝基苯酚和对氯苯酚)

四、实验步骤

（1）按体积比配制 85% 甲醇-15% 磷酸溶液(pH＝4.16)，用微孔滤膜过滤后即得到流动相溶液，超声 20min 除去溶液中溶解的气体。

（2）将一定量硫脲溶解在少量流动相溶液中，用于测定死时间 t_0。

（3）称取一定量各种参比物质，共同溶解在少量流动相溶液中，制得混合参比物溶液。

（4）将一定量各种待测酚类物质分别溶解在少量流动相溶液中，制得各个待测物质的溶液。

（5）打开高效液相色谱仪(如图 7-1 所示)，设置仪器参数：检测波长 210nm；流速 1mL/min；柱温 25℃。开泵脱气并走基线。

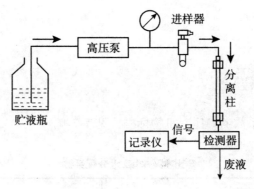

图 7-1　实验装置示意图

（6）待基线平稳后，将 5μL 硫脲溶液从进样口进样，工作站开始采集色谱数据，由于硫脲的分子量较小且极性较强，可认为在色谱柱上无保留，故硫脲的保留时间即为死时间 t_0，测定三次取平均值。

（7）将 5μL 混合参比物溶液从进样口进样，分别记录每种参比物质的保留时间 t_R。

（8）将各种待测酚类物质溶液分别进样，记录各自的保留时间。

（9）所有样品测定完成后，关闭紫外检测器。用100%甲醇流动相冲洗色谱柱约30min后，关闭仪器及高压泵。

五、实验结果与数据处理

1. 测定死时间。

将实验数据及计算结果填入表7-2。

表7-2

测试系列	1	2	3	平均值
t_0(min)				

2. 标准曲线绘制。

将实验数据及计算结果填入表7-3。

表7-3

参比物	苯酚	氯苯	对二氯苯	2,6-二氯苄腈	异丙基苯	对甲氧基苯酚	溴苯	1,2,4-三氯苯
文献 $\lg K_{ow}$	1.5	2.8	3.4	2.6	3.7	1.3	3.0	4.2
t_R(min)								
K								
$\lg k$								

将曲线绘入表7-4，并填入回归方程及相关系数。

表7-4

标准曲线：	标准曲线回归方程：
	相关系数： $R=$

3. 样品测试结果

表 7-5

测试样品	邻硝基苯酚	2-氯苯酚	3-硝基苯酚	2,4-二硝基苯酚	对硝基苯酚	对氯苯酚
$t_R(min)$						
K						
lgk						
计算 lgK_{ow}						

六、分析与讨论

1. 为什么色谱法测定正辛醇/水分配系数对样品纯度没有严格的要求？
2. 与摇瓶法相比，色谱法在测定正辛醇/水分配系数方面有什么优缺点？
3. 为什么化学品在反相色谱柱上的保留时间与其正辛醇/水分配系数相关？
4. 在配制参比物或待测物溶液时，是否需要严格控制浓度？
5. 化学品的正辛醇/水分配系数对其环境行为有什么影响？
6. 分析本实验测得的化合物的正辛醇/水分配系数与其水溶性之间的关系。
7. 探讨不同的取代基对酚类化合物的正辛醇/水分配系数的影响。

参考文献

[1] 何艺兵，赵元慧，王连生. 有机化合物正辛醇/水分配系数的测定[J]. 环境化学，1994，13(3)：195-197.
[2] 王连生，汪小江，许鸥泳，等. 高效液相色谱法测定多环芳烃化合物辛醇/水的分配系数及其对水溶解度的估算[J]. 环境科学学报，1986，6(4)：491-497.
[3] 宋斌. 酚类化合物水溶性及正辛醇/水分配系数的测定与研究[D]. 青岛：青岛科技大学，2011.
[4] GB/T 21852—2008. 化学品分配系数(正辛醇/水)高效液相色谱法实验[S]. 北京：中国标准出版社，2008.
[5] 王丽莉，牛军锋. 酚类化合物对发光细菌毒性的定量结构-活性相关研究[J]. 计算机与应用化学，2006，23(3)：219-223.
[6] 宋斌，张宏哲. 反相高效液相色谱法测定酚类化合物的正辛醇/水分配系数[J]. 山东化工，2011，40(3)：67-71.
[7] 阎海，叶常明，雷志芳. 酚类化合物抑制斜生栅藻生长的毒性效应[J]. 环境化学，1998，17(2)：127-130.
[8] 刘红玲，杨本晓，于红霞，等. 苯酚及其氯代物对大型溞的毒性效应和微观机理探讨

[J]. 环境污染与防治, 2007, 29(1): 33-36.

[9] 范云场, 胡正良, 陈梅兰, 等. 离子液体液-液萃取-高效液相色谱测定水中酚类化合物[J]. 分析化学研究报告, 2008, 36(9): 1157-1161.

[10] 张燕, 张耀斌, 赵慧敏, 等. 酚类污染物解离态与非解离态光解特性及其速率常数的预测[J]. 环境科学, 2010, 31(3): 720-724.

第八章　天然水中过氧化氢的测定

一、背景知识

天然水(地表水、大气水滴及降水等)中的活性氧物质(单线态氧、羟基自由基、过氧化氢、超氧化物等)已成为人们关注的对象。对自然环境中过氧化氢的研究逐渐成为环境工作者关注的热点。20世纪60年代初,对天然地表水中过氧化氢的研究就已开始。

对天然降水中过氧化氢含量的测定可以追溯到19世纪后半叶。天然降水中存在不同浓度的过氧化氢,它们的含量和分布是随地点(经纬度、海拔等),采样时期(年、月、季节)等具体条件的不同而有所差异的。降水中过氧化氢的分布特点是[1]:①降水中过氧化氢的浓度较低,在$nmol/L \sim \mu mol/L$范围内;②过氧化氢浓度的昼夜变化情况是下午最高,晚上最低;③过氧化氢浓度的季节变化表现为夏天高,冬天低;④过氧化氢浓度的地点变化表现为南方高于北方。大气及雨水中的过氧化氢浓度与酸雨有密切关系。

在河水、海水、水库等天然水体的表层水中存在不同浓度的过氧化氢,其浓度较低,通常在$nmol/L \sim \mu mol/L$范围。天然地表水中过氧化氢的一个重要来源是大气降水的输入,在水体中发生的光化学反应,则是过氧化氢另一个重要来源。

过氧化氢在工业、生物、医药等方面应用很广泛。利用H_2O_2的氧化性漂白毛、丝织物;医药上常用于消毒和杀菌剂;纯H_2O_2用作火箭燃料的氧化剂;工业上利用H_2O_2的还原性除去氯气。工业过氧化氢含量指标的标准测定方法有两种:一是国家标准测定方法——GB1616—88;二是石油化工部标准测定方法——HG1-495—75。这两种测定方法的测定原理与计算方法相同。都是采用高锰酸钾滴定法测定过氧化氢含量。其反应式为

$$5H_2O_2 + 2MnO_4^- + 6H^+ = 2Mn^{2+} + 5O_2 \uparrow + 8H_2O$$

H_2O_2遇$KMnO_4$,表现为还原剂。根据H_2O_2的摩尔质量和$KMnO_4$浓度以及滴定中消耗的$KMnO_4$的体积计算H_2O_2的含量。这种实际应用中高含量H_2O_2的测定已有标准方法[2],这里不再赘述,以下介绍天然水中过氧化氢的测定方法。

定量测定环境水样中过氧化氢的方法有很多[3~5],如分光光度法、荧光分光光度法、化学发光法、高效液相色谱法、电分析方法和流动注射分析法等。过氧化氢分析中的一个突出困难是样品中过氧化氢的快速分解(如文献报道[6],在几个小时~几百个小时内,天然水样中过氧化氢分解率可达50%),要获得一个准确可靠的分析数据必须在样品采集现场及时进行样品处理和测定,这对分析试剂的稳定性提出了较高要求。

目前,对羟基苯乙酸二聚体荧光增强法和7-羟基-6-甲氧基香豆素-苯酚荧光猝灭法由于干扰少、分析结果可靠而被广泛用于环境基质中过氧化氢含量测定,尤其是前者已成为从大气到海洋中过氧化氢分析的一个统一方法。但因为荧光法(如上述两种体系)和化学

发光法广泛使用过氧化物酶(peroxidase)或辣根过氧化物酶(HRP,是一种对氢受体有特异性、对氢供体缺乏特异性的酶),其价格较高,且不易长期保存。酶在使用过程中的失活或活性降低给实际分析带来诸多不便。

以下为两种具有代表性的过氧化氢测定方法:碘化钾碘蓝分光光度法和对羟基苯乙酸二聚体荧光增强法[5,6]。

二、目的与要求

(1)了解天然水体中 H_2O_2 的存在情况及其测定方法;
(2)掌握碘化钾碘蓝分光光度法测定天然水中过氧化氢的实验方法;
(3)掌握对羟基苯乙酸二聚体荧光增强法测定天然水 H_2O_2 的实验方法。

三、基本原理

1. 碘化钾碘蓝分光光度法测定天然水中过氧化氢

H_2O_2 分子中有一个过氧键—O—O—,在酸性溶液中它是一个强氧化剂。在酸性氯化钠介质中,碘化钾与过氧化氢反应析出碘,加入淀粉呈蓝色,在585nm处测吸光度 A,过氧化氢含量 c 与吸光度 A 呈线性关系($c \propto A$)。

反应式为

$$H_2O_2 + 2H^+ + 2I^- = 2H_2O + I_2 \quad E^0 = 1.77V$$

此方法可用于雨水、空气中微量过氧化氢的直接测定。测定方法检出限为 $0.06\mu M$,H_2O_2 含量在 $0 \sim 25\mu g/mL$ 范围内符合比耳定律[3]。

2. 对羟基苯乙酸二聚体荧光增强法测定天然水中过氧化氢

对羟苯乙酸(p-hydroxyphenyl-acetic acid,HOHPAA)在过氧化氢酶(peroxidase)存在下与过氧化氢反应生成能产生强荧光的对羟基苯乙酸二聚体。通过用荧光分光光度计测定对羟基苯乙酸二聚体(POHPAA Dimmer)的荧光强度来定量测定过氧化氢。见如下反应式所示:

$$H_2O_2 + 2\ HPOHPAA + 2H^+ \xrightarrow{Peroxidase} 2\ POHPAA^* + 2H_2O$$
$$2\ POHPAA^* \longrightarrow POHPAA\ Dimmer + 2H^+$$

此对羟基苯乙酸二聚体荧光测定方法检出限为3nM[6]。

四、主要试剂与仪器

1. 碘化钾碘蓝分光光度法测定天然水中过氧化氢
(1)0.5 mol/L HCl。
(2)$Na_2C_2O_4$ 基准物质:于105℃干燥2h后,放入干燥器中冷却至恒温备用。
(3)(1+5)H_2SO_4:取1份硫酸,用5份水稀释。
(4)NaCl溶液200g/L。
(5)KI溶液5g/L。
(6)淀粉溶液10g/L。

(7)H_2O_2 30%(原装 H_2O_2 百分含量约 30%，密度约为 1.1g/cm³)。

(8)0.02mol/L $KMnO_4$ 溶液：称取 $KMnO_4$ 固体约 1.6g 溶于 500mL 水中，盖上表面皿，加热至沸并保持微沸状态 1h，冷却后，用微孔玻璃漏斗(3 号或 4 号)过滤。滤液储存于棕色试剂瓶中。将溶液在室温条件下静置 2～3d 后过滤备用。

(9)表面皿。

(10)250mL 锥形瓶。

(11)棕色试剂瓶和 250mL 容量瓶。

(12)100mL 量筒。

(13)25mL 具塞比色管。

(14)滴定管。

(15)微孔玻璃漏斗(3 号或 4 号)。

(16)722 型(或其他型)分光光度计，1cm 比色皿。

以上试剂均为分析纯，水为二次蒸馏水。

2. 对羟基苯乙酸二聚体荧光增强法测定天然水中过氧化氢

(1)0.5mol/L HCl。

(2)0.5mol/L NaOH。

(3)$Na_2C_2O_4$ 基准物质：于 105℃ 干燥 2h 后，放入干燥器中冷却至恒温备用。

(4)(1+5)H_2SO_4：取 1 份硫酸，用 5 份水稀释。

(5)H_2O_2 30%(原装 H_2O_2 百分含量约 30%，密度约为 1.1g/cm³)，0.02mol/L H_2O_2。

(6)0.02mol/L $KMnO_4$ 溶液：称取 $KMnO_4$ 固体约 1.6g 溶于 500mL 水中，盖上表面皿，加热至沸并保持微沸状态 1h，冷却后，用微孔玻璃漏斗(3 号或 4 号)过滤。滤液储存于棕色试剂瓶中。将溶液在室温条件下静置 2～3d 后过滤备用。

(7)对羟苯乙酸(p-hydroxypheny acetic acid, igma Chemical, H-4377)。

(8)过氧化物酶(peroxidase, P-8375, type VI, 300 purpurogallin units/mg, or P-8250, type II, 200 purpruogallin units/mg)。

(9)Tris 缓冲液(tris buffer, Trizma base "Sigma"，用 0.5mol/L HCl 调至 pH8.8)。

(10)过氧化氢酶(Catalase, C-100, 44200 units /mg)。

(11)H_2O_2 30%(原装 H_2O_2 百分含量约 30%，密度约为 1.1g/cm³)。

(12)棕色试剂瓶和 250mL 容量瓶。

(13)250mL 锥形瓶。

(14)100mL 量筒。

(15)表面皿。

(16)1.00mL～25.00mL 移液管。

(17)滴定管。

(18)微孔玻璃漏斗(3 号或 4 号)。

(19)分析天平。

(20)722 型(或其他型)分光光度计，1cm 比色皿。

(21)荧光分光光度计(使用测定前需对仪器进行校正)。

以上试剂均为分析纯，水为二次蒸馏水。

五、实验步骤

(一)碘化钾碘蓝分光光度法测定天然水中过氧化氢

1. 用 $Na_2C_2O_4$ 溶液标定 $KMnO_4$

准确称取 $0.15 \sim 0.20g$ 基准物质 $Na_2C_2O_4$ 三份，分别置于250mL锥形瓶中，加入60mL水使之溶解，加入15mL(1+5)H_2SO_4，在水浴上加热到 $75 \sim 85℃$，趁热用 $KMnO_4$ 溶液滴定。开始滴定时反应速度慢，待溶液中产生了 Mn^{2+} 后，滴定速度可加快，直到溶液呈现微红色并持续半分钟内不退色即为终点。根据 $m_{Na_2C_2O_4}$(g)和消耗 $KMnO_4$ 溶液的体积计算 c_{KMnO_4} 浓度。

2. H_2O_2 标准储备液的配制及其标定

用移液管吸取 $1.00mL$ 30% H_2O_2(或移取 $10.00mL$ 3% H_2O_2 置于250mL棕色容量瓶中)置于250mL棕色容量瓶中，加水稀至刻度，充分摇匀。用移液管移取 $25.00mL$ 溶液于置于250mL锥形瓶中，加60mL水，30mL(1+5)H_2SO_4，用 $KMnO_4$ 标准溶液滴定溶液至微红色在半分钟内不消失即为终点。

因 H_2O_2 与 $KMnO_4$ 溶液开始反应速度很慢，待 Mn^{2+} 产生后，反应速度会加快。也可加入 $MnSO_4$ 作为催化剂，每一份加入相当于 $10 \sim 13$ mg Mn^{2+} 的量，以加快反应速度。

根据 $KMnO_4$ 溶液的浓度和滴定过程中消耗滴定剂的体积，计算 H_2O_2 标液(储备液)的浓度。H_2O_2 标液(储备液)于4℃下避光可保存一周，临用时稀释为 $10\mu g/mL$ 的工作液。

3. H_2O_2 标准样品测定及工作曲线绘制

准确移取过氧化氢标准 0、2.0、4.0、6.0、8.0、10、12、16、20μg 分别加入9支25mL具塞比色管中，每支比色管中加入200g/L NaCl溶液10mL，0.5mol/L HCl 1mL，酸化 $1 \sim 2min$，加入5g/L碘化钾溶液1mL，淀粉溶液1mL，加水至刻度，摇匀，10min后，用1cm比色皿，在波长585nm处以蒸馏水作参比，测定其吸光度值 A。

4. 天然水样 H_2O_2 的测定

取适量水样(雨水，或自制模拟天然水样等)，按步骤4代替标准样品加入25mL具塞比色管中，试剂加入量及测定过程同步骤3。

(二)对羟基苯乙酸二聚体荧光增强法测定天然水中过氧化氢

1. 用 $Na_2C_2O_4$ 溶液标定 $KMnO_4$
标定方法参见本实验上文(一)中的步骤1。

2. H_2O_2 标准溶液的配制及其标定
配制和标定方法可参见本实验上文(一)中的步骤2。

3. 水样荧光强度的测定

于50mL棕色容量瓶，加入 $2.55×10^{-4}$ mol/L羟苯基乙酸、$2.4×10^4$ mol/L过氧化物酶和0.25mol/L Tris缓冲液(pH=8.8)各1mL；接着加入适量水样和 H_2O_2 标样，并稀释至

刻度。

本实验定量分析方法为标准加入法，采用三点标准加入法。在加入过氧化氢标准后，应使样品中过氧化氢浓度为原样品其浓度的 1.5～3 倍值之间为宜[7]。样品中各试剂加入样品后其浓度参见表8-1。

表8-1　　　　　　　　　天然水样过氧化氢测定过程中试剂浓度表

	试剂储备液浓度	试剂中间浓度	样品溶液中浓度	空白样品中浓度
对羟苯基乙酸（POHPAA）	2.55×10^{-2} mol/L	2.55×10^{-4} mol/L	5.1×10^{-6} mol/L	5.1×10^{-6} mol/L
过氧化物酶（Peroxidase）		2.4×10^{4}	480	480
过氧化氢酶（Catalase）	85000 units/mL			85000 units/mL
Tris 缓冲液（pH8.8）	0.25mol/L	0.25mol/L	5×10^{-3} mol/L	5×10^{-3} mol/L

以上试剂加入后，反应 15min（待测样品可以在冰箱保存 24h），分别以 313nm 和 400nm 为荧光激发（Em）波长和发射（Ex）波长对样品进行荧光强度测定。

4. 试样荧光空白值测定

对水样自身荧光空白值（NAT）等进行荧光测定，以求得水样荧光空白值 Blank。

（1）水样自身荧光空白值（NAT）的测定。

在装有水样的 250mL 容量瓶中，加入 0.25mol/L Tris 缓冲液（pH = 8.8）1mL，并稀释至刻度，直接进行荧光测定，得 NAT。

（2）荧光试剂荧光背景值（FL）的测定

在装有水样的 250mL 容量瓶中（含 0.005mol/L Tris 缓冲液）先加入过氧化氢酶 Catalase 反应 5min 后（以消除水样中过氧化氢），再加入荧光试剂后样品后，稀释至刻度，测定其荧光值 F。

（3）过氧化氢酶 Catalase 荧光值（CAT）的测定

于 250mL 容量瓶中加入过氧化氢酶 Catalase，水样中其浓度为 85000 units/mL。加入 0.25mol/L Tris 缓冲液（pH8.8）1mL，并稀释至刻度，随后进行荧光强度测定，其荧光强度值为 CAT。

水样荧光空白值 Blank 按下式计算：

$$Blank = NAT + (FL - CAT)$$

式中：Blank——试样荧光空白值；

　　　NAT——水样自身荧光值；

　　　FL——先加入过氧化氢酶 Catalase 反应 5min 后（以消除水样中过氧化氢），再加入荧光试剂后样品的荧光测定值；

　　　CAT——加有过氧化氢酶 Catalase 水样的荧光值。

六、结果计算

1. 碘化钾碘蓝分光光度法测定天然水中过氧化氢

根据 H_2O_2 标准样品浓度与吸光度测定值 A，求得工作曲线方程（$A=a+bx$）。根据工作曲线方程，代入样品吸光度值以求出水样 H_2O_2 含量（x）。

2. 对羟基苯乙酸二聚体荧光增强法测定天然水中过氧化氢

应用标准加入法可以克服为配制与待测试样组成相似的标准溶液带来的困难，消除基体效应带来的影响。

实验测定中，一般采用作图法来求得试样中待测物质 H_2O_2 的浓度 c_x。根据所测得的加有标准溶液的样品的荧光强度值（已扣空白）及 H_2O_2 标准加入量（μM）进行作图。横坐标为加入量，纵坐标为荧光强度值。这样得到一条直线，这直线并不通过原点。相应的截距所反映的荧光强度是试样中待测过氧化氢的荧光强度。外延此直线使其与横坐标相交，相应于原点与交点的距离，即为天然水样中 H_2O_2 的浓度 c_x。

七、注意事项

（1）H_2O_2 和 $KMnO_4$ 等试剂具有腐蚀性，使用时需注意做好防护措施。

（2）取样后需及时测定。

（3）H_2O_2 使用液需在使用时现配，不可久置。

（4）用 $Na_2C_2O_4$ 标定 $KMnO_4$ 时，需注意控温。

八、思考与讨论

1. H_2O_2 有哪些重要性质？降水中 H_2O_2 分布特点有哪些？

2. 试分析 H_2O_2 与 I^- 和 Cl_2 反应的实质，并分别写出其反应式

3. 碘化钾碘蓝分光光度法测定天然水中 H_2O_2 是基于何原理？

4. $KMnO_4$ 溶液的配制过程中要用微孔玻璃漏斗过滤，可否用定量滤纸代替微孔玻璃漏斗？为什么？

5. 用 $Na_2C_2O_4$ 溶液标定 $KMnO_4$ 过程中，为什么要控制温度 75～85℃？

6. 对羟基苯乙酸二聚体荧光增强法测定天然水中 H_2O_2 是基于何原理，这种方法检出限可达多少？

7. 对羟基苯乙酸二聚体荧光增强法测定天然水中 H_2O_2 的实验过程中，过氧化物酶（Peroxidase）和过氧化氢酶（Catalase）各起什么作用？

8. 解释标准加入法。

参考文献

[1] 邓南圣，吴峰，田世忠．天然水中过氧化氢生成及其光化学反应的研究进展[J]．环

境科学进展.1997，5(6)：1-16.

[2] 武汉大学主编.分析化学实验[M].第三版.北京：高等教育出版社，1994：152-155.

[3] 章亚彦，林荔，苏心桔.碘化钾碘蓝分光光度法测定微量过氧化氢[J].分析实验室.2001，20(4)：41-42

[4] 朱昌青，李东辉，郑洪，等.利用四磺基锰酞菁催化酪氨酸与过氧化氢荧光反应测定环境水样中的过氧化氢[J].厦门大学学报(自然科学版).2001，40(1)：68-73.

[5] Miller W L, Kester D R. Hydrogen peroxide measurements in seawater by (p-hydroxyphenyl) acetic acid dimerization[J]. Anal. Chem. 1988, 60, 2711-2715.

[6] Barak Herut, Efrat Shoham-Freider, Nurit Kress, et al. Angel. Hydorgen peroxide production rates in clean and polluted coastal marine waters of the Mediterranean, Red and Baltic Seas[J]. Marine Pollution Bulletin. 1998, 36(12)：994-1003.

[7] Harris D C. Quantitative Chemical Analysis [M]. New York：W H Freeman and Company，1987.

第九章　天然水中铁离子与亚铁离子形态分析

　　铁是地壳中丰度较高的元素之一，含量仅次于氧、硅和铝。铁是生物体必不可少的微量元素，在生物体的正常生命活动中起着至关重要的作用。在天然水体中，受地质结构、水体氧化还原电位、酸碱度和人为排放情况等因素的影响，铁的含量地域差异较大，从每升数微克到超过 1 毫克。水体中铁的存在形态多样，包括水合离子、无机络合物、有机络合物以及胶体粒子、悬浮颗粒物等。根据化合价，一般可以分为三价和二价。不同形态的铁往往并存于水体中。在还原性环境中，二价铁是主要存在形态，但在氧化性环境中，三价铁占优势。因此，在地下水和河流湖泊的底层，铁往往呈现出低价态。在 pH>5 的有氧的条件下，二价铁会氧化为三价铁，三价铁容易水解，形成不溶性的氢氧化物。因此，在天然水体中，铁的含量一般不高。但人类工业活动，如选矿、冶炼、机械加工、电镀等，排放出来的大量含铁废水却可能使受纳水体中的铁含量大大超过背景值。

　　虽然一般来说，铁对人和动物是低毒或无毒的，但当饮用水源中铁的含量超过一定浓度时，水就会变成黄色或褐色，并产生令人不愉快的金属味，过量的铁也会对人体健康造成不利影响。一些工业生产过程，如纺织、印染、造纸等，对用水中铁的含量有较高的要求，过高的铁含量会导致产品上有黄斑，影响产品的质量。另外，水体中的铁的形态会直接影响到其参与的光化学反应过程，而且决定了铁的生物可利用性，从而间接影响到水生生态系统的结构与功能。因此，对水体中的铁进行形态分析并测定其含量，对于研究铁元素的环境行为、保障用水安全等方面具有重要意义。

　　目前国内外用于测定铁的含量的方法有原子吸收法、紫外-可见分光光度法等。原子吸收法具有快速、准确等优点，但仪器昂贵，设备投资较大，难以进行形态分析，而且在铁的含量低于 0.2 mg/L 时，有较大的测定误差，因此适用于浓度较高环境水样和废水的分析。分光光度法以其设备简单、灵敏度高等优点，可应用于生活饮用水及其水源水中铁含量的分析，而且可以区分铁离子和亚铁离子。本实验采用邻菲罗啉作显色剂，盐酸羟胺作还原剂，用分光光度法测定水体中的铁离子和亚铁离子含量。

一、目的与要求

（1）掌握邻菲罗啉分光光度法测定天然水中铁含量的基本原理。
（2）掌握紫外-可见分光光度计的基本使用方法。
（3）掌握水体中总铁和亚铁离子的基本测定方法。

二、基本原理

分光光度法是依据被测物质对特定波长电磁波的吸收特性进行定量分析的方法。物质中分子内部运动可分为电子的运动、分子内原子的振动和分子自身的转动，相应的具有电子能级、振动能级和转动能级。当被电磁波辐射时，物质的分子可能吸收电磁波的能量而引起能级跃迁，即从基态能级跃迁到激发态能级，从而产生吸收光谱。三种能级跃迁所需要的能量是不同的，需用不同波长的电磁波去激发。电子能级跃迁所需的能量较大，吸收光谱主要处于紫外及可见光区，这种光谱称为紫外及可见光谱。而用红外线波段的电磁波只能引发振动能级和转动能级的跃迁，得到的光谱称为红外光谱。

物质的稀溶液对光波的吸收遵循朗伯-比尔定律，即当一束平行的单色光通过均匀、非散射的稀溶液时，溶液的吸光度与溶液层厚度及溶液的浓度成正比。其数学表达式为

$$A = \varepsilon \times b \times c \tag{9-1}$$

式中：

A——吸光度，与透光度 T 之间的关系为 $A = -\lg T$；

ε——摩尔吸光系数，为仅与待测物质性质相关的特征常数，在数值上等于浓度为 $1 \mathrm{mol/L}$、液层厚度为 $1 \mathrm{cm}$ 时，该溶液在某一波长下的吸光度，$L \cdot mol^{-1} \cdot cm^{-1}$；

b——液层厚度，cm；

c——溶液浓度，$mol \cdot L^{-1}$。

根据朗伯-比尔定律，在已知物质的稀溶液的摩尔吸光系数及沿光束方向的液层厚度的情况下，测定溶液的吸光度，即可计算出溶液的浓度。

由于物质结构不同，能级跃迁所需能量都不一样，因此所能吸收的光波的特征波长也就不一样，各种物质都有各自的吸收谱带。在特定波长下，待测物质的摩尔吸光系数决定了分光光度法的灵敏度，摩尔吸光系数越大，则灵敏度越高。

紫外–可见分光光度法是常用的测定有色物质浓度的方法，本方法设备简单、易操作。紫外–可见分光光度法适用于在紫外-可见光波段有特征吸收的物质的测定。有些物质自身在紫外-可见光波段没有吸收，或者摩尔吸光系数较低，导致分析的灵敏度较低，低浓度下无法检测。但如果这些物质可以和其他物质(显色剂)以一定计量比发生化学反应，生成可以显著吸收紫外-可见光的有色物质，则也可以进行显色反应后再用分光光度法进行测定。

为测定水体中的亚铁离子的含量，通常以邻菲罗啉作为显色剂。在 pH 3~9 的溶液中，亚铁离子与邻菲罗啉(phen)反应生成橘红色络合物 $Fe(phen)_3^{2+}$，其反应式为

生成的络合物在酸性环境下较稳定，在避光条件下可以保存半年。此络合物能吸收可见光，在波长 510nm 处有最大吸光度，摩尔吸光系数为 $1.1 \times 10^4 L \cdot mol^{-1} \cdot cm^{-1}$，因而可以根据朗伯-比尔定律，用分光光度法测出亚铁离子的浓度。

为了测定铁离子浓度，可以先用还原剂(如盐酸羟胺)将其还原成亚铁离子，再与邻菲罗啉络合，即可用分光光度法测定总铁含量。总铁与亚铁离子的差值，即为铁离子

含量。

邻菲罗啉分光光度法可以分别测定铁离子和亚铁离子浓度，适用于地表水、地下水及废水中铁的测定。最低检出浓度为 0.03 mg/L，测定下限为 0.12 mg/L，测定上限为 5.00mg/L。更高浓度的水样，可以通过稀释后进行测定。我国已就本方法制订了相关的测定标准(HJ/T 345—2007)。

水样中的亚硝酸根、氢氰酸根、偏磷酸根及焦磷酸根等离子在 510nm 处也有吸收，会干扰测定。可通过在水样中加入盐酸并煮沸，使亚硝酸根和氢氰酸根分别转变为亚硝酸和氢氰酸并挥发除去(注意通风!)，并将偏磷酸根和焦磷酸根转变为正磷酸根，从而减轻干扰。

邻菲罗啉可能与某些金属离子形成有色络合物而干扰测定。汞、镉、银等金属离子能与邻菲罗啉形成不溶物，若这些离子浓度较高，造成溶液浑浊，可络合后将其过滤除去；浓度较低时，可加入过量邻菲罗啉消除干扰。研究表明，在乙酸铵-乙酸缓冲溶液中，低于铁浓度 10 倍的铜、铬、钴、锌及浓度不超过 2mg/L 的镍，对铁测定无明显干扰；若这些离子浓度更高时，可加入过量的邻菲罗啉显色剂消除干扰。水样有底色时，可用不加邻菲罗啉的试液作参比，对水样的底色进行校正。

三、仪器与试剂

(1)分光光度计。

(2)10mm 比色皿(若水样浓度较低，可换用 30mm 或 50mm 比色皿)。

(3)100μg/mL 的铁标准储备溶液。

称取 0.7022g 硫酸亚铁铵(分析纯)，溶解于 50mL 硫酸(1+1)溶液中，转入 1000mL 容量瓶，用去离子水定容至刻度线。此溶液每 1.00mL 含 0.100mg 铁(以铁元素计)。

(4)25μg/mL 的铁标准使用液。

移取 25.00mL 铁标准储备液于 100mL 容量瓶中，用去离子水定容至刻度线。此溶液中每 1.00mL 含 25μg 铁(以铁元素计)。

(5)0.5%(m/V)的邻菲罗啉水溶液。

称取 0.5g 邻菲罗啉，溶解于去离子水中，加数滴盐酸帮助溶解，并稀释至 100mL。

(6)乙酸铵-乙酸缓冲溶液。

称取 40g 乙酸铵，再加入 50mL 冰乙酸，用去离子水稀释至 100mL。

(7)10%(m/V)盐酸羟胺溶液。

称取 10g 盐酸羟胺，溶于去离子水中，并稀释至 100mL。

(8)浓盐酸(优级纯)。

(9)(1+3)盐酸。

用优级纯的盐酸配制。

(10)具塞比色管(50mL，18 个)。

(11)锥形瓶(150mL，18 个)。

(12)容量瓶(100mL，4 个)。

(13)烧杯(50，100mL)。

（14）移液管（1，2，5，25mL）。

（15）去离子水。

（16）水样瓶（100mL，12个）。

（17）0.45μm 滤膜。

（18）未知水样。

四、实验步骤

1. 标准曲线的绘制

取 6 个 150mL 的锥形瓶，分别加入 0、2.00、4.00、6.00、8.00、10.00mL 铁标准使用液，加入蒸馏水至 50mL，再加入 1mL（1+3）盐酸，1mL 10% 盐酸羟胺溶液，玻璃珠 1～2 粒。加热煮沸至溶液剩余 15mL 左右，冷却后转移至 50mL 的具塞比色管中。加入 5mL 乙酸铵-乙酸缓冲溶液、2mL 0.5% 邻菲罗啉溶液，加水至刻度线，摇匀。显色 15min 后，以水作为参比，于 510nm 处测吸光度。由吸光度对标准溶液的含铁量（μg）作图，即得到标准曲线。

2. 水样亚铁离子浓度的测定

采样时，用 0.45μm 滤膜过滤水样。取 2mL 优级纯浓盐酸置于 100mL 的水样瓶中，然后将水样注满水样瓶，塞好瓶塞以防被空气氧化。

测定时，取适量水样置于 50mL 具塞比色管中，加入 5mL 乙酸铵-乙酸缓冲溶液、2mL 0.5% 邻菲罗啉溶液，加水至刻度线，摇匀。显色 15min 后，以水作为参比，于 510nm 处测吸光度。

3. 水样可过滤总铁浓度的测定

采样时，用 0.45μm 滤膜过滤水样。将水样用优级纯浓盐酸酸化至 pH<1。

分析时，取 50mL 水样置于 150mL 锥形瓶中，加入 1mL（1+3）盐酸，1mL 10% 盐酸羟胺溶液，加热煮沸至挥发到 15mL 左右，冷却后转移至 50mL 具塞比色管中。加入 5mL 乙酸铵-乙酸缓冲溶液、2mL 0.5% 邻菲罗啉溶液，加水至刻度线，摇匀。显色 15min 后，以水作为参比，于 510nm 处测吸光度。

4. 水体中溶解态亚铁离子和铁离子计算

铁的含量按式（9-2）计算：

$$c(\text{Fe, mg/L}) = \frac{m}{V} \tag{9-2}$$

式中：

m——从标准曲线读得的铁的含量，μg；

V——取样体积，mL。

五、实验结果与数据处理

1. 绘制工作曲线

将实验数据、计算结果填入表 9-1。

表 9-1

使用液体积（mL）						
标准溶液含铁量（μg）						
吸光度						

将标准曲线绘入表 9-2，并填入回归方程及相关系数。

表 9-2

标准曲线：	标准曲线回归方程：
	相关系数： $R =$

2. 亚铁离子浓度测定

将亚铁离子实验数据及计算结果填入表 9-3。

表 9-3

样品编号						
取样体积 V（mL）						
吸光度						
亚铁离子浓度（mg/L）						

3. 总铁及铁离子浓度测定

将总铁及铁离子实验数据及计算结果填入表 9-4。

表 9-4

样品编号						
取样体积 V（mL）						
吸光度						
可过滤总铁浓度（mg/L）						
铁离子浓度（mg/L）						

六、分析与讨论

1. 如果要测定水体中总铁(包括悬浮颗粒态和溶解态)浓度,采样时应如何进行处理?
2. 如果水样含有 CN^- 和 S^{2-} ,应如何对样品进行处理?
3. 如果水样中含有较高浓度的镉或汞,应如何对样品进行处理?
4. 采集水样时,为何要加入盐酸?
5. 进行样品溶液浓度测定时,如果待测液浓度不在标准曲线范围之内,应如何处理?
6. 在水样中有少量 EDTA 存在的情况下,可否使用邻菲罗啉作为显色剂?

参考文献

[1] 姚丽珠,王月江. 火焰原子吸收光谱法测定汽油中铁镍铜[J]. 冶金分析,2007,27
(12):70-102.
[2] 王彤,赵清泉. 分析化学[M]. 北京:高等教育出版社,2003:300-305.
[3] HJ/T 345—2007. 水质 铁的测定 邻菲罗啉分光光度法(试行)[S]. 北京:中国环境
科学出版社,2007.
[4] 温洁文. 邻菲罗啉紫外-可见光光度法测定水中总铁的研究[J]. 企业技术开发,
2011,30(11):51-52,58.
[5] 刘二保,卫红清,程介克. 铁形态分析进展[J]. 分析科学学报,2002,18(4):
344-348.
[6] 董文宾,强西怀,廖素文. 河水中铁的形态分析[J]. 西北轻工业学院学报,1996,
14(1):83-87.
[7] 邱小香. 分光光度法测定水中全铁的含量[J]. 西南民族大学学报·自然科学版,
2011,37(1):111-113.
[8] 刘林斌. 二氮杂菲分光光度法测定水中总铁的研究[J]. 广州化工,2011,39(12):
108-110.
[9] 黄伟,黄选忠. 双波长光度法测定水中的微量铁[J]. 化学分析计算,2008,6(17):
52-54.
[10] 张秋菊,崔世勇,陈洁. Fe(Ⅱ)-3-Br-PADAP-SDS 显色反应的研究及水中微量铁的
测定[J]. 中国卫生检验杂志,2008(4):632-632,687.

第十章　高级氧化体系中·OH的测定

一、背景知识

高级氧化技术(Advanced Oxidation Processes)，以产生具有强氧化能力的自由基为特点，在高温高压、电、声、光辐照、催化剂等反应条件下，使大分子难降解有机物氧化成低毒或无毒的小分子物质。AOPs的作用效果主要依赖于反应过程中所产生的各类自由基，其中最重要的就是羟基自由基(·OH)。羟基自由基是高级氧化体系中产生的常见活性氧类物质之一，也是进攻性最强的化学物质之一，其氧化还原电位高达$2.80eV$，仅次于F_2的$2.87eV$，几乎可以与所有的生物分子、有机物或无机物发生各种不同类型的化学反应，并伴有非常高的反应速率常数和负电荷的亲电性。因此，羟基自由基在一些持久性污染物、环境类激素等微量有害化学物质的处理方面具有很大的优势。在高级氧化技术中可以产生羟基自由基的方法包括，辐射、光解或光催化(UVU、UV/O_3、UV/H_2O_2、$UV/H_2O_2/O_3$、UV/HOCl、多相光催化)、超声波分解(包括US、US/O_3、US/H_2O_2、US/光催化)、电化学氧化技术(包括阳极氧化和光电催化)、Fenton和类Fenton(包括均项Fenton、多项Fenton、光Fenton、超声Fenton、电Fenton、光电Fenton)、基于臭氧的高级氧化技术(包括臭氧氧化、O_3/H_2O_2、均项催化臭氧化、多项催化臭氧化、电解–臭氧化)。

在高级氧化技术研究中通常需要测定OH自由基。但是，羟基自由基由于其寿命短，在水体中的寿命只有$10^{-9}s$且反应活性高，且存在浓度低，直接对其进行检测受到仪器操作方面的限制很大，而且其存在依赖于特定的反应环境，因而关于自由基的行为方面，推测和间接证明的居多，直接测量的居少，很难精确测定羟基自由基的含量。采用捕获剂将自由基固化之后的检测方法是主要研究手段和常用的技术路线。目前对于羟基自由基的检测主要分为：①自旋捕捉-电子自旋共振波谱(ESR)；②羟基捕捉剂-高效液相色谱；③氧化反应捕获-分光光度计；④化学发光法等4个类型。

(1)电子自旋共振法(ESR)是用某种反磁性化合物，与不稳定的自由基发生反应，产生另外一种稳定的，可以用电子自旋共振波谱法检测(ESR)的新自由基。运用自由基捕集剂-ESR方法进行羟基自由基的检测虽然简单有效，但是它的仪器成本较高，灵敏度很低，因为自旋加合物大多不稳定，其寿命仍然很短，只有几分钟或几十分钟，必须在捕集自由基后立即进行ESR测量，所以其定量分析不很精确。

(2)羟基捕捉剂-高效液相色谱是用羟基捕捉剂将活泼的羟基自由基转化为较稳定的形式，通过高效液相色谱分离，然后运用UV或是电化学的方法来分析。这种方法具有测量方便、简单、准确等优点。但是，因为它的反应过程比较复杂，有很多的中间产物与支线产物，所以在自由基的准确定量检测上，仍显不足。

（3）氧化反应捕获-分光光度计是利用羟基自由基的强氧化性，使一些物质产生结构、性质和颜色的改变，从而可以改变待测液的光谱吸收，并使用分光光度计进行分析以对羟基自由基进行间接的测定。与 ESR 和高效液相色谱法相比，氧化反应-分光光度计法具有仪器廉价、分析高效、迅速，及相对高的分辨力、精度等优点。

（4）化学发光法（CL）是利用待测物和某些底物反应，产生发光生成物或诱导底物发光，通过测量发光强度来间接测量待测物的方法。总体来看，化学发光法与自旋捕捉-电子自旋共振波谱（ESR）、羟基捕捉剂-高效液相色谱-UV 方法相比，具有廉价、灵敏度高、反应快速等优点。

综合考虑，本实验使用以苯和异丙醇为捕获剂结合液相色谱法和气相色谱法对羟基自由基的产生量进行测定。

二、目的与要求

（1）了解 Fenton 试剂产生羟基自由基的基本原理与反应过程，以及苯在体系中捕获羟基自由基的能力与效率。

（2）通过了解高效液相色谱法的工作原理，熟练掌握利用高效液相色谱仪测定苯酚的基本方法，从而推算出羟基自由基的产生量。

（3）掌握异丙醇捕获 OH 自由基的原理与方法。

（4）掌握气相色谱用于水中有机物的分析方法。

三、基本原理

1. 苯捕获法

利用捕获剂和捕获反应对活性自由基间接测定是研究自由基化学的常用方法。本实验是以苯和异丙醇作为捕获剂对羟基自由基进行间接检测。

以 0.001mol/L 苯为捕获剂捕获羟基自由基而产生苯酚，采用高效液相色谱法（HPLC）对苯酚进行定量分析。用苯酚的产生量来指示水样中羟基自由基的产生量。

芳烃的羟基化作用是 ·OH 典型反应，如 Fenton 反应和水溶液中 HNO_2，NO_3^- 和 NO_2 · 光解，苯则不与 $O_2(^1\Delta_g)$ 发生反应。

苯与 ·OH 反应具有较好的选择性。苯自身转化为苯酚转化率小于 1%。而酚由于直接光解或被过氧化氢，$O_2(^1\Delta_g)$ 及其他氧化剂氧化而消耗速率相对于苯被 ·OH 氧化成苯酚的速率而言是很慢的。4hHPML 光照下，蒸馏水中 0.001mol/L 苯（pH4.0~7.0）直接光解接未有损失，且未有苯酚生成。

基于苯与 ·OH 的强反应，本实验中含 0.001mol/L 苯液中，所有 ·OH 可以认为全被苯捕获（也有一些研究报道，其反应率达不到 100%，认为是 58%）。据研究其反应机理如下所示：

$$C_6H_6 + \cdot OH \longrightarrow C_6H_6OH \cdot \tag{10-1}$$

$$C_6H_6OH \cdot + O_2 \longrightarrow C_6H_6OHO_2 \cdot \tag{10-2}$$

$$C_6H_6OHO_2 \cdot \longrightarrow C_6H_5OH + HO_2 \cdot \tag{10-3}$$

本实验用 HPLC 测定苯酚，反应液中苯氧化为苯酚的产率视为 100%，苯酚的生成量即为·OH 的生成量。

2. 异丙醇捕获法

利用捕获剂和捕获反应对活性自由基间接测定是研究自由基化学的常用方法。异丙醇捕获·OH 生成丙酮的反应为

$$\cdot OH + (HO)CH(CH_3)_2 \longrightarrow \cdot C(OH)(CH_3)_2 + H_2O \qquad (10\text{-}4)$$

$$\cdot C(OH)(CH_3)_2 + Fe^{3+} \longrightarrow Fe^{2+} + (CH_3)_2CO + H^+ \qquad (10\text{-}5)$$

因此通过测定丙酮可以间接测定·OH。

本实验利用这一捕获反应，测定类 Fenton 体系中的·OH。采用 GC/FID 分析生成的丙酮，定量测定了铁(Ⅲ)-草酸盐配合物光解过程中产生的·OH。

四、实验仪器与试剂

(一) 苯捕获法

1. 仪器

同心圆式光反应支架、125W 高压汞灯(λ≥313nm)、HPLC、pH-4 型酸度计。

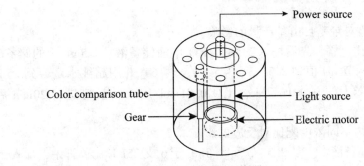

图 10-1　同心圆反应器

液相色谱的主要测定条件：150mm×4.6mm Supelco C_{18} 色谱柱，紫外分光光度计检测器(Waters, USA)，270nm 检测波长，40% 乙腈流动相，0.8mL/min 流速，进样体积 20μL。本条件下，HPML 检出限为 0.3μmol/L。

注：苯酚检测波长应取 270nm。因为苯酚在此处有相对最大吸收。

2. 试剂

苯酚、苯、七水合硫酸亚铁、30% 过氧化氢水溶液均为分析纯。

(二) 异丙醇捕获法

1. 仪器

同心圆式光反应支架，125W 高压汞灯(λ≥313nm)，GC-7A(岛津)，pH-4 型酸度计。

气相色谱的主要测定条件：填充柱 5% PEG20M/ChromsobW，柱温 80℃，进样口温度 150℃；载气：N_2 42mL/min，FID 检测器。进样体积为 10μL。样品定量分析采用外标法。

2. 试剂

$FeCl_3 \cdot 6H_2O$、草酸钾、异丙醇、丙酮、HCl、NaOH 等均为分析纯。

五、实验方法

(一)苯捕获法

1. 溶液配制

苯溶液的配制:移取 0.88mL 苯溶液于 1 L 容量瓶中,并用超纯水定容,配成 0.01mol/L 的苯储备液,加入水样后其浓度为 0.001mol/L。

苯酚的标准曲线溶液配制:准确称取 0.09411g 苯酚,用超纯水溶解到 100mL 容量瓶中并定容,配成 0.01mol/L 的苯酚溶液。分别取 5mL 和 1mL 的 0.01mol/L 苯酚溶液于 10mL 比色管中,用超纯水定容至 10mL,配成 0.005mol/L 和 0.001mol/L 的苯酚溶液。用液相色谱法测定苯酚保留时间及峰面积,绘制标准曲线。

硫酸亚铁溶液配制:准确称取 0.278g 七水合硫酸亚铁,用超纯水溶解到 100mL 容量瓶中并加入几滴稀硫酸使溶液澄清并定容,配成 0.01mol/L 的硫酸亚铁溶液。

过氧化氢水溶液的配制:移取 1.1mL 30% 过氧化氢水溶液(8.82mol/L)于 100mL 容量瓶中,并用超纯水定容,配成 0.1mol/L 的过氧化氢储备液。

2. 实验部分

(1)研究 pH 值对羟基自由基产量的影响。

取六支 25mL 比色管,先后加入 2.5mL H_2O_2 溶液储备液、2.5mL 苯的储备液和 2.5mL $FeSO_4$溶液,分别调节 pH 值到 2.5、3、3.5、4、5、6,并用超纯水定容到 25mL(其中含 Fe^{2+} 0.001mol/L、苯大约 0.001mol/L、H_2O_2 0.01mol/L)。待反应进行 20min 后,用液相色谱法测苯酚的含量。

(2)研究反应物不同浓度配比对反应的影响。

分别取 H_2O_2 储备液 1、2、2.5、3、4、5mL 于 6 支 25mL 比色管中,加入 2.5mL 苯的储备液和 2.5mL 硫酸亚铁溶液,并用超纯水定容至 25mL(其中苯的浓度为 0.001mol/L,Fe^{2+} 浓度为 0.001mol/L,H_2O_2 浓度分别为 0.004、0.008、0.01、0.012、0.016、0.02mol/L)。待反应进行 20min 后,测苯酚的产量。

(二)异丙醇捕获法

1. 溶液的配制

三氯化铁水溶液的配制:准确称取 0.0270g 六水合三氯化铁用超纯水溶于 1L 容量瓶中定容,配制成 100μmol/L 的三氯化铁水溶液。

草酸盐水溶液的配制:准确称取 0.0184g 草酸钾用超纯水溶于 100mL 容量瓶中定容,配制成 1mmol/L 的草酸钾水溶液。

丙酮标准系列的配制:移取 72.6μL 丙酮于 1 L 容量瓶中并用超纯水定容,配制成 1mmol/L 的丙酮水溶液。分别移取 10,5,1mL 丙酮水溶液于 100mL 容量瓶中并用超纯水定容,配制成 100,50,10μmol/L 的丙酮标准溶液,用气相色谱法测定丙酮保留时间及峰面积,绘制标准曲线。

异丙醇水溶液的配制：移取 0.77mL 的异丙醇于 1L 容量瓶中并用超纯水定容，配制成 10mmol/L 的异丙醇水溶液。

2. 实验部分

（1）配制一定 Fe(Ⅲ)/草酸盐(Ox)配比的水溶液，加入 1mmol/L 异丙醇，调节溶液 pH 值，将该溶液分装入 6 支 10mL 比色管，放入光反应支架，进行光照。每隔 10min 取一支比色管，用 GC/FID 测定溶液中生成的丙酮。

（2）混合溶液 pH 值影响

对于 Fe(Ⅲ)-Ox 配合物而言，pH 值是影响其形态分布的重要因素，也影响着不同形态配合物的光化学性质。取 6 支 10mL 比色管，先后加入 1mL 100μmol/L 的三氯化铁水溶液、1mL 1mmol/L 的草酸钾水溶液、和 1mL 的异丙醇水溶液（其中，Fe^{3+} 浓度为 10μmol/L，草酸钾的浓度为 100μmol/L，异丙醇的浓度为 1mmol/L），在 pH 值 2～6 范围内，分别调节 pH 值至 2.5、3、3.5、4、5、6 并光照 80min 后测定丙酮的产量。

（3）Fe(Ⅲ)/Ox 配比影响

在 pH 值一定的条件下，Fe(Ⅲ)与草酸盐配比决定了 Fe(Ⅲ)-草酸盐配合物的形态分布。通常在 Fe(Ⅲ)/草酸盐(Fe/Ox)小于 1/10 时，溶液中的主要形态才是 $Fe(C_2O_4)_3^{3-}$。本实验选择 Fe/Ox 比在 1/10 的两侧，溶液中的主要光活性物种为二个配体和三个配体的铁(Ⅲ)-草酸盐配合离子。

取六支 10mL 比色管，先后加入 1mL 100umol/L 的三氯化铁水溶液、1mL 的异丙醇水溶液、分别加入 0.4、0.8、1.0、1.2、1.6、2.0mL 1mmol/L 的草酸钾水溶液（其中，Fe^{3+} 浓度为 10 umol/L，异丙醇的浓度为 1mmol/L，草酸钾的浓度分别为 40、80、100、120、160、200μmol/L）并光照 80min 后测定丙酮的产量。

六、实验结果与数据处理

(一)苯捕获法

1. 苯酚的标准曲线

将苯酚标准溶液测定后的峰面积对浓度作图绘制标准曲线，得出回归方程，通过回归方程计算被测物的含量。

2. pH 值对羟基自由基产量的影响

捕获反应的效率为 100%，$c_{OH}=c_{丙酮}$，对不同条件下测定的 c_{OH} 进行动力学分析，结果符合表观零级反应动力学模式，即 $c_{OH}=a+k\times t$，k 为 ·OH 生成速率。将实验数据及计算结果填入表 10-1。

表 10-1

pH 值	2.5	3.0	3.5	4.0	5.0	6.0
c_{OH}						
k						

3. 反应物不同浓度配比对羟基自由基产量的影响

将实验结果填入表 10-2。

表 10-2

Fe^{2+}/H_2O_2	1/4	1/8	1/10	1/12	1/16	1/20
c_{OH}						

(二) 异丙醇捕获法

1. 丙酮的标准曲线

将丙酮标准溶液测定后的峰面积对浓度作图绘制标准曲线，得出回归方程，通过回归方程计算被测物的含量。

2. pH 对羟基自由基产量的影响

捕获反应的效率为 86.7%[9]，因此 $c_{OH} = \dfrac{1}{0.867} c_{丙酮}$。对不同条件下测定的 c_{OH} 进行动力学分析，结果符合表观零级反应动力学模式，即 $c_{OH} = a + k \times t$，k 为 ·OH 生成速率。将实验数据及计算结果填入表 10-3。

表 10-3

pH 值	2.5	3.0	3.5	4.0	5.0	6.0
c_{OH}						
k						

3. 反应物不同浓度配比对羟基自由基产量的影响

将实验结果填入表 10-4。

表 10-4

Fe/Ox	1/4	1/8	1/10	1/12	1/16	1/20
c_{OH}						

七、注意事项

(1) 苯、苯酚、异丙醇、丙酮等有机溶剂有毒性，使用时注意通风、做好防护措施。

(2) 取样后，及时将样品进行检测。

(3) 使用液相色谱前流动相需要脱气，实验完成后需要对色谱柱清洗 30min。

(4)气相色谱开机前要检查载气压力，FID 检测器点火时要注意安全。

(5)气相色谱进样后要减小分流比(加大流量)，将色谱柱里残留的样品扫吹干净。

八、思考与讨论

1. 绘制自由基随影响因素变化的曲线，说明规律。

2. 解释上述规律的机制。

3. 测定方法的使用范围?

4. 比较两种方法的优劣。

5. 液相色谱和气相色谱实验中，影响保留时间的因素有哪些?

6. 举例说明羟基自由基的应用。

参考文献

[1] Wu F, Deng N, Zuo Y. Discoloration of Dye Solutions Induced by Solar Photolysis of Ferrioxalate in Aqueous Solutions[J]. Chemosphere, 1999, 39: 2079-2085.

[2] Carey J H, Langford C H. Outer Sphere Oxidation of Alcohol and Formic Acid by Charge Transfer Excited States of Iron(Ⅲ)Species[J]. Can. J. Chem., 1975, 53: 2436-2440.

[3] Benkelberg H-J, Warneck P. Photodecomposition of Iron (Ⅲ) Hydroxo and Sulfato Complexes in Aqueous Solution : Wavelength Dependence of OH and SO_4^- Quantum Yields [J]. J. Phys. Chem., 1995, 99: 5214-5221.

[4] Cooper G D, DeGraff B A. On the Photochemistry of Ferrioxalate System [J]. J. Phys. Chem., 1971, 75: 2897-2902.

[5] Jianlong Wang, Lejin Xu. Advanced Oxidation Processes for Wastewater Treatment: Formation of Hydroxyl Radical and Application[J]. Critical Reviews in Environmental Science and Technolog, 2012, 42 : 251-325.

[6] 杨春维，王栋水，郭建博，等. 有机物高级氧化过程中的羟基自由基检测方法比较 [J]. 环境污染治理技术与设备，2006，6(1)：136-141.

第十一章　铁-草酸盐配合物对橙黄Ⅱ的光降解

一、背景知识

　　染料及印染工业废水是当前主要的水体污染源之一，具有成分复杂、毒性大、色度深、排放量大、难降解等特点。目前印染废水的处理主要有混凝沉降、化学氧化、生物处理以及电解等方法，这些方法均难以满足排放标准要求。脱色是处理过程中的一个重要环节。产生氧化电位更高的羟基自由基 ·OH，·OH能进一步破坏染料分子的发色基团和分子结构，从而达到脱色和降解的目的。

　　20 世纪 50 年代以来，很多研究都指出铁-草酸盐络合物具有较高光解效率。Zuo 等研究指出：天然水体中，铁-草酸盐络合物-溶解氧体系在紫外光或可见光的照射下，发生光解，生成的 H_2O_2 和 ·OH 都是氧化性较强的活性物质。其光化学反应如图 11-1 所示。在大气水体中，·OH的生成，可以氧化多种天然或人工的有机物或无机物，具有相当重要的意义。

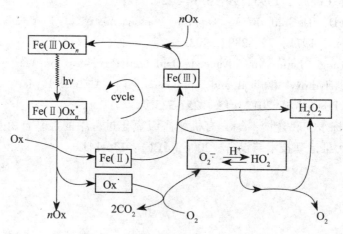

图 11-1　铁-草酸盐配合物的光解反应过程

　　目前，新兴的光化学水处理方法因其效率较高，无二次污染，适于有机废水深度处理的特点，以及利用太阳能的应用潜力，而逐渐引起环境工作者的关注。众所周知，高效催化剂是光化学反应的关键。1995 年，邓南圣等将 Fe(Ⅲ)-羟基络合物作为光降解水溶性染料的催化剂，对染料水溶液进行脱色，取得了较好的效果。但是，Fe(Ⅲ) 的投加量较大，光照时间较长，因此不能适应廉价和快速的要求。1998 年前后邓南圣与吴峰将 UV/Fe

（Ⅲ）-草酸盐络合物引入水溶液染料光降解体系，证实了该体系对水溶性染料溶液脱色的可行性。此后，铁-草酸盐配合物体系光降解有机污染物的研究越来越多。

二、目的与要求

在大气和水环境中，光化学降解是污染物迁移、转化的一个重要途径。本实验将 UV/Fe(Ⅲ)-草酸盐络合物引入水溶液染料光降解体系，以了解该体系对水溶性染料溶液脱色的可行性。通过测定橙黄Ⅱ在 Fe(Ⅲ)-草酸盐络合物水溶液中光降解反应的表观速率常数与光降解半衰期，了解、掌握在溶液相中光化学反应动力学测定的一般方法。

三、实验原理

在水银灯的紫外光作用下，Fe(Ⅲ)-草酸盐配合物具有很高的光解效率，可产生双氧水和羟基自由基。

$$Fe(Ox)_n^{(3-2n)+} \longrightarrow Fe(Ox)_{n-1}^{(4-2n)+} + Ox^- \cdot \tag{11-1}$$

$$Ox^- \cdot + O_2 \longrightarrow O_2^- \cdot + 2CO_2 \tag{11-2}$$

$$O_2^- \cdot + H^+ \longrightarrow HO_2 \cdot \tag{11-3}$$

$$HO_2 \cdot / O_2^- \cdot + Fe(Ⅱ) + H^+ \longrightarrow Fe(Ⅲ) + H_2O_2 \tag{11-4}$$

$$Fe(Ⅱ) + H_2O_2 \longrightarrow Fe(Ⅲ) + \cdot OH + HO^- \tag{11-5}$$

·OH自由基具强氧化性，可氧化橙黄Ⅱ，破坏染料分子共轭体系，导致橙黄Ⅱ染料分子中的偶氮键断裂，进而萘环与苯环结构发生开环，从而引起染料溶液脱色与降解。研究表明，活性染料的光退色反应为假一级反应，在不同时间取经光照的活性染料溶液，测定其浓度，用一级反应动力学方法处理则可得橙黄Ⅱ在水溶液中的光退色反应速率常数和半衰期。

四、实验仪器及试剂

（1）UV-9100 型分光光度计。

（2）梅特勒酸度计。

（3）XPA-1 型旋转式光化学反应器（南京胥江机电厂）。

如图 11-2 所示，光化学反应器包括高压汞灯（150W）、石英冷阱、选装装置、石英反应管等部分。石英反应管中的样品在 4r/min 速度下围绕光源公转，同时每支石英反应管均进行自转，保证样品得到均匀光照。

（4）石英试管:8 支 10mL。

（5）橙黄Ⅱ:

（6）FeCl₃（分析纯）。

（7）草酸钾（分析纯）。

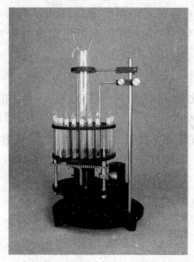

图 11-2　XPA-1 型旋转式光化学反应器

五、实验方法

（1）配制 20mg/L 橙黄 Ⅱ 水溶液，使得其中含有 10μmol/L 的 Fe（Ⅲ）和 120μmol/L 的草酸盐。用盐酸调节 pH 值至 3.5，用自镇流水银灯照射上述溶液，间隔 10min 取样，在 485nm 处测定吸光度。

（2）橙黄Ⅱ测定标准曲线绘制：配制标准溶液系列的浓度分别为 2、5、10、15、20、25mg/L，测定 485nm 处吸光度，绘制标准曲线。

六、实验结果记录与处理

在此实验条件下，橙黄 Ⅱ 的光降解反应为一级反应，则有

$$\ln \frac{c_t}{c_o} = -k_p t$$

式中：

c_0——橙黄 Ⅱ 的初始浓度，mg/L；

c_t——橙黄 Ⅱ 光照 t 小时的浓度，mg/L；

t——光照时间，h；

k_p——光退色反应速率常数，(h^{-1})

因此，以 $\ln \dfrac{c_t}{c_o}$ 对 t 作图应为一直线，用最小二乘法可求出 $\ln \dfrac{c_t}{c_o}$ 与 t 的直线回归方程。

$$y = a + bx$$

a,b 和相关系数 R 可按下式计算：

$$b = \frac{\sum xy - \dfrac{\sum x \sum y}{n}}{\sum x^2 - \dfrac{\left(\sum x\right)^2}{n}}$$

$$a = \frac{\sum y - b \sum x}{n}$$

$$R = b \sqrt{\frac{\dfrac{\sum x^2 - \dfrac{\left(\sum x\right)^2}{n}}{n-1}}{\dfrac{\sum y^2 - \dfrac{\left(\sum y\right)^2}{n}}{n-1}}}$$

b 为直线斜率,即为反应速率常数 k_p。由此可由下式计算橙黄Ⅱ在水溶液中的光解半衰期为

$$t_{1/2} = \frac{\ln 2}{k_p}$$

根据实验结果,作出暗反应与光照的 $\ln \dfrac{c_t}{c_0} \sim t$ 相关图,并计算 a、b、R 和 $t_{1/2}$ 值。

七、思考与讨论

光强是影响光化学反应速度的主要因素。试与其他同学的实验结果 $k_p \cdot t_{1/2}$(不在同一天的实验)比较,并解释有差别的原因。

参考文献

[1] Zuo Y, Hoigne J. Formation of hydrogen peroxide and depletion of oxalic acid in atmospheric water by photolysis of iron (Ⅲ)-oxalato complexes. Environmental Environ. Sci. Technol., 1992,26,1014-1022.

[2] Wu F, Deng N, Zuo Y. Discoloration of dye solutions induced by solar photolysis of ferrioxalate in aqueous solutions. Chemosphere,1999,39(12):2079-2085.

第十二章　臭氧的氧化性及其对水中
有机磷农药的分解

　　农药按其用途可以分为杀动物剂、杀菌剂、除草剂、生长调节剂、诱杀剂、驱虫剂等6类[1],有机磷农药(Organophosphorus pesticides,OPPs)属于杀动物剂中的最大的一类杀虫剂,有机磷农药自问世至今已有70多年的历史。因为它的高效、快速、广谱等特点,一直在农药中占有很重要的位置,对世界农业的发展起了很重要的作用。

　　现在世界上有数百种有机磷农药,我国也有200多种,有机磷农药的品种十分繁多,但从结构上看,绝大多数属于磷酸酯类、硫代磷酸酯类以及二硫代磷酸酯类,少数属于膦酸酯,而且多属于混酯。此外,还有少数属于磷酸胺酪和硫代磷酰胺酯类。有机磷农药在理论上被认为是在环境中易降解、不易生物富集、对生态效应影响较小的新生代农药。但事实上有机磷农药不仅在北极地区能被检测出,甚至可以转化为一类持久性的有机污染物POPs[2]。

　　研究表明:有机磷农药具有较高的毒性,在环境中有一定残留水平,在生物体内易形成具有生物活性的轭合残留和结合残留,对人体健康或生态环境构成潜在威胁,近年来许多研究报告指出,有机磷农药具有烷基化作用,可能会对动物有致癌、致畸、致突变作用。

　　有机磷农药的杀虫机理主要是抑制害虫体内胆碱酯酶的活性,使乙酰胆碱(一种神经传导物质)在肌体组织中积累起来,从而引起某些神经功能紊乱的一系列中毒症状,严重者可使神经麻痹,以致死亡,同样,它也会因相同的机理引起生物体中毒,哺乳动物的神经和免疫系统疾病大多与OPPs相关。早在1930年,美国就发生过一起牙买加姜酒事件,约有2万人饮用后出现神经麻痹,后来查明酒中混有有机磷的化合物三甲基苯基磷酸酯(TOCP)。1959年,摩洛哥也发生过混入机油的食用油,而使食用此油的2000多人瘫痪的惨剧,事后查明是由于机油中含有TOCP所致[3]。1987年7月至1988年10月,香港市民因食用经深圳口岸输港的菜心后,发生中毒现象,经检查,菜心中含高毒甲胺磷农药。因此很多国家将乐果、敌敌畏、对硫磷等有机磷农药确定为环境优先污染物[4]。

　　有机磷农药的大量生产和使用,使每年有大量农药进入水体,不同程度地污染了水源。我国水体中的有机磷农药污染总体上属于中等污染程度。饮用水中低剂量有机磷农药对人可产生慢性毒性,并诱导多种神经性疾病。因此,我国于2012年7月1日起强制实施的《生活饮用水卫生标准》(GB 5749—2006)中已将6种有机磷农药:敌敌畏[O,O-二甲基-O-(2,2-二氯乙烯基)磷酸酯]、乐果[O,O-二甲基-S-(N-甲基氨基甲酰甲基)二硫代磷酸酯]、马拉硫磷[O,O-二甲基-S-(1,2-二羰乙氧基乙基)二硫代磷酸酯]、甲基对硫磷[O,O-二甲基-O-(4-硝基苯基)硫代磷酸酯]、对硫磷[O,O-二乙基-O-(4-硝基苯基)硫代磷酸酯]及毒死蜱[O,O-二乙基-O-(3,5,6-三氯-2-吡啶基)硫代磷酸酯]列入非常规检测指标,加以控制。

　　我国是一个农业和林业大国,农药总产量居世界第一位,我国使用的农药中70%为杀虫剂;杀虫剂中有机磷农药占70%;有机磷杀虫剂中70%为高毒、高残留农药。所以消除有机磷农药对环境和人类的危害,改变我国杀虫剂的落后面貌,已成为事关人类健康和国民经济发展的问题。

臭氧(O_3)是由三个氧原子构成的分子,1840年由德国科学家Schorbein发现并命名,是自然界中存在的仅次于氟(F)之后的第二强氧化剂,臭氧(O_3)具有强氧化、杀菌消毒、催化、保鲜、脱色和除臭六大功能。2001年已被美国食品药品管理局(FDA)列为食品添加剂,国内外早已将臭氧广泛应用于化学氧化、水处理、食品药品加工储藏、医疗卫生等领域。

经臭氧处理过的水,不存在任何对人、畜有害的残留物,且对细菌、病毒、芽孢、软体微生物等有极强的杀灭作用;经臭氧分解能使有机磷农药、除草剂、洗涤剂等污染水质的物质变成无毒性物质,并能去除气味。臭氧可用来去除COD、BOD,并破坏有毒的化合物。臭氧能有效氧化生物难降解的有机物。

臭氧的原料取自空气中的氧,完成工作后又还原成氧,增加水中溶解氧,没有二次污染;可改善水的理化性质,有良好的脱色、除臭、除异味作用,将其应用于农药降解是开发臭氧应用的一个新领域[5]。据资料报道,臭氧用于去除蔬菜上有机磷农药残留效果显著,随着人们对其性质认识的不断加深,臭氧的应用范围也在日益扩大,臭氧技术是治理环境和水质污染的关键技术,是二十一世纪环境科学四大关键技术之一。

一、目的与要求

(1)学习和掌握臭氧的氧化性及其测定方法;
(2)了解臭氧的制备方法;
(3)学习臭氧氧化水中有机物的实验研究方法;
(4)学习和掌握水中无机磷的测定方法。

二、基本原理

1. 臭氧的基本性质

在常温常压下,较低浓度的臭氧是无色气体。当浓度达到15%时,呈现出淡蓝色,且具有特殊的"草鲜味"。臭氧可溶于水,在常温常压下臭氧在水中的溶解度比氧气高约13倍,比空气高25倍。但臭氧水溶液的稳定性受水中所含杂质的影响较大,特别是有金属离子存在时,臭氧可迅速分解为氧气。在纯水中分解较慢。臭氧的密度是2.14g/L(0℃,0.1MPa)。沸点是-111℃,熔点是-192℃。臭氧分子结构是不稳定的,它在水中比在空气中更容易自行分解。臭氧的主要物理性质列于表12-1。

表12-1　　　　　　　　　　　　　　臭氧的主要物理性质

项　　目	数　　值
分子量	47.99828
熔点,℃	-192.7±0.2
沸点,℃	-111.9±0.3

项　　目	数　　值
临界状态 温度,℃	−12. 1±0. 1
临界状态 压力,MPa	5. 46
临界状态 体积,cm³/mol	147. 1
临界状态 密度,g/cm³	0. 437
气态密度(0℃,0. 1 MPa),g/L	2. 144
液态密度(90K),g/cm³	1. 571

　　臭氧在不同温度下的水中溶解度列于表12-2。臭氧虽然在水中的溶解度比氧大10倍,但是在实用上它的溶解度甚小,因为它遵守亨利定律,其溶解度与体系中的分压和总压成比例。臭氧在空气中的含量极低,故分压也极低,因此迫使水中臭氧从水和空气的界面上逸出,使水中臭氧浓度总是处于不断降低状态。

表12-2　　　　　　　　　　　　　　　**臭氧在水中的溶解度**

温度,℃	溶解度,g/L	温度,℃	溶解度,g/L
0	1. 13	30	0. 41
10	0. 78	40	0. 28
20	0. 57	50	0. 19

　　2. 臭氧的化学反应特性

　　臭氧很不稳定,在常温下即可分解为氧气。臭氧、氯和过氧化氢的氧化势(还原电位)分别是2. 07、1. 36、1. 28V,可见臭氧在处理水中是氧化力量最强的一种。臭氧的氧化作用导致不饱和的有机分子的破裂,使臭氧分子结合在有机分子的双键上,生成臭氧化物。臭氧化物的自发性分裂产生一个羧基化合物与带有酸性和碱性基的两性离子,后者是不稳定的,可分解成酸和醛。

　　(1)臭氧与无机物反应。除铂、金、铱、氟以外,臭氧几乎可与元素周期表中的所有元素反应。臭氧可与K、Na反应生成氧化物或过氧化物,在臭氧化物中的阴离子O_3实质上是游离基。臭氧可以将过渡金属元素氧化到较高或最高氧化态,形成更难溶的氧化物,人们常利用此性质把污水中的Fe^{2+}、Mn^{2+}及Pb、Ag、Cd、Hg、Ni等重金属离子除去。此外,可燃物在臭氧中燃烧比在氧气中燃烧更加猛烈,可获得更高的温度。

　　(2)臭氧与有机物反应。臭氧与有机物以三种不同的方式反应:一是普通化学反应;二是生成过氧化物;三是发生臭氧分解或生成臭氧化物。例如有害物质二甲苯与臭氧反应后,生成无毒的水及二氧化碳。所谓臭氧分解是指臭氧在与极性有机化合物的反应时,是在有机化合物原来双键的位置上发生反应,将其分子分裂为二。臭氧的优点是氧化力极强,不但可以杀菌,而且还可以除去水中的色味等有机物;它的缺点是自发分解性能不稳,只能随用随生产,不适于储存和输送。当然,如果从净化水和净化空气的角度来看,由于其分解快而没有残留物质存在,又可以说成是臭氧的一大优点。

3. 臭氧的制备方法

人工制取臭氧的方法主要分为空气放电法、紫外线辐射法和电解法。电解法主要分为化学电解和膜电解(PEM 电解法),PEM 电解技术是采用低压直流电导通特制的固态膜电极正负两极电解去离子水,使水在特制的阳极溶界面上失去电子使氢氧分离,氧在高密度电流作用下获得能量,并聚合成臭氧。其主要特点如下:

(1)所产臭氧气体浓度可高达 20%(重量),是常规电晕法臭氧发生器的 20 倍。

(2)因采用低压电解方式,其电极寿命≥10000h,是高压放电电极寿命的 8 ~ 10 倍,且不产生致癌物质——氮氧化物,不产生电磁波,没有噪声。

(3)产品体积小,耗电省,应用连接简单,方便。

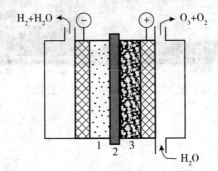

1—阴极催化剂　2—离子交换膜(Nafion 117)　3—阳极催化剂

图 12-1　固体聚合物电解质 SPE 臭氧发生器结构简图

4. 无机磷酸盐的测定

在酸性条件下,正磷酸盐与钼酸铵反应(酒石酸锑钾为催化剂),生成磷钼锑杂多酸。再用抗坏血酸把它还原为磷钼蓝,然后用分光光度法测定。生成磷钼蓝的反应如下:

$$PO_4^{3-}+12MoO_4^{2-}+24H^++3NH_4^+\longrightarrow(NH_4)_3PO_4\cdot12MoO_3+12H_2O$$

本方法最低检出浓度为 0.01 mg/L(吸光度 A = 0.01 时所对应的浓度);测定上限为 0.6 mg/L。适用于测定地面水、生活污水及日化、磷肥、机加工金属表面磷化处理、农药、钢铁、焦化等行业的工业废水中的正磷酸盐分析。

当砷含量大于 2 mg/L、硫化物含量大于 2 mg/L、六价铬含量大于 50mg/L、亚硝酸盐含量大于 1 mg/L 时有干扰,应设法消除。

三、实验仪器与试剂

1. 仪器

SPE 臭氧发生器(武汉大学化学与分子科学学院);分流式实验装置(如图 12-2 所示)。紫外-可见分光光度计(UV-9100 型),3cm 石英比色皿(每组两只);250mL 锥形瓶;25mL 比色管 6 只;5mL 移液管。

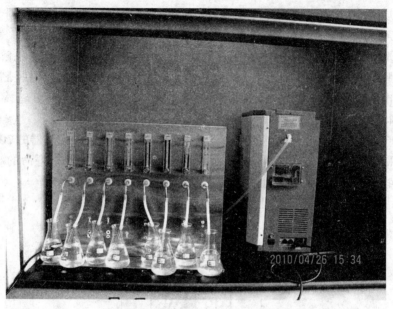

图 12-2　分流式臭氧反应装置

2. 试剂

草甘膦农药(上海农药厂)：

化学俗名或商品名：镇草宁、膦酸甘氨酸、甘氨磷。化学品英文名称：N – (phosphonomethyl) glycine,化学名称：N–(膦酸基甲基)甘氨酸,CAS No. 1071-83-6。侵入途径：吸入、食入、经皮肤吸收。低毒有机磷除草剂,中毒可引起恶心、呕吐、头痛、乏力、出汗、流涎、瞳孔缩小等。大鼠经口 LD_{50} 为 4300mg/kg；大鼠急性经皮>2500mg/kg。

glyphosale
CAS NO. 1071-83-6

图 12-3　草甘膦的结构式

KI 溶液(20%)；H_2SO_4(1+5)；淀粉溶液；0.01mol/L $Na_2S_2O_3$ 标准溶液。

酒石酸锑钾溶液：溶解 4.4g $K(SbO)C_4H_4O_6 \cdot \frac{1}{2}H_2O$ 于 200mL 蒸馏水中。转入棕色瓶,在 4℃保存。

钼酸铵溶液：溶解 20g $(NH_4)_4Mo_7O_{24} \cdot 4H_2O$ 于 500mL 蒸馏水中。转入塑料瓶在 4℃保存。

抗坏血酸溶液：0.1mol/L。溶解 1.76g 抗坏血酸于 100mL 蒸馏水,转入棕色瓶。如在

4℃保存,可保持一星期不变。

混合试剂:50mL2mol/L 硫酸溶液、5mL 酒石酸锑钾溶液、15mL 钼酸铵溶液和30mL 抗坏血酸溶液。混合前,先使上述各溶液达到室温,然后按上述次序混合。在加入酒石酸锑钾或钼酸铵后,如混合试剂有浑浊,须摇动混合试剂,放置几分钟,至澄清为止,在 4℃可保持一星期不变。

磷酸盐储备液;(1.00mg/mL 磷)。将优级纯或分析纯 KH₂PO₄ 于110℃干燥2h,在干燥器中放冷,称取此 KH₂PO₄1.098g,溶解后转入250mL 容量瓶中,稀释至刻度,即得1.00mg/mL 磷溶液。

磷酸盐标准液:取 1.00mL 储备液于100mL 容量瓶,稀释至刻度,即得 10.00μg/mL 磷溶液。

四、实验方法

1. 水中臭氧浓度的测定——碘量法

(1)于 250mL 锥形瓶中加入 2mLKI(20%)储备液,然后加入 150mL 蒸馏水,所制备的溶液作为臭氧吸收液。

(2)各组准备完毕,一起将锥形瓶置于臭氧发生器的排气口。开启发生器电源,等发生器有臭氧产生时开始计时。

(3)通气 10min 后,停止通气。

(4)向吸收液中加入 1+5 的 $H_2SO_4$5mL,放置 30min。

(5)用 0.01mol/L 的 $Na_2S_2O_3$ 滴定吸收液,至淡黄色时,加入 1mL 淀粉溶液,呈现深蓝色。继续滴定至蓝色退去,停止滴定。记录 $Na_2S_2O_3$ 的用量。

(6)做一次平行。

2. 臭氧氧化水中草甘膦的实验

(1)配制浓度为 5 mg/L,体积为 250mL 的草甘膦溶液,转入 250mL 锥形瓶中。

(2)各组准备完毕,一起将锥形瓶置于臭氧发生器的排气口。开启发生器电源,等发生器有臭氧产生时开始计时。

(3)分别在 0、5、10、15、25、35、50min 时刻取样。取样时,用移液管吸取 5mL 反应液于 50mL 比色管中。

(4)磷酸根测定。

①标准曲线绘制:分别吸取 10μg/mL 磷酸标准溶液 0.00、0.50、1.00、2.00、2.50、3.00mL 于 50mL 比色管中,加水稀释至约 23mL,加入 1.0mL 混合试剂,摇匀后放置 10min,加水稀释至刻度,再摇匀,10min 后,测定波长 700nm 处的吸光度,作出标准曲线。

②样品测定:在 50mL 比色管中,加入 5mL 反应液,加水稀释至约 23mL,加入 1.0mL 混合试剂,摇匀后放置 10min,加水稀释至刻度,再摇匀,10min 后,测定波长 710nm 处的吸光度。

③结果计算。

按下式计算水体中磷的含量:

$$P(mg/L) = P_i/V$$

式中: P_i——由标准曲线查得磷含量, μg;

　　V——测定时吸取水样的体积(本实验 $V = 25.00\text{mL}$)。

　　注:若所用分光光度计能测定880nm处的吸光度,则可以测定800nm处的吸光度,工作曲线线性范围更宽。

(5)实验完毕后,关闭臭氧发生器电源。

五、实验结果计算

(1)臭氧发生量的计算。

$$G = \frac{c_0 \times V_0 \times 24}{t}$$

式中: G——单位时间臭氧进入吸收液的量, mg/min;

　　c_0——$\mathrm{Na_2S_2O_3}$标准溶液的浓度;

　　V_0——$\mathrm{Na_2S_2O_3}$标准溶液的滴定体积;

　　t——通气时间, $\min$。

$$c_l = \frac{c_0 \times V_0 \times 24}{V_l}$$

式中: c_1——吸收液中臭氧的浓度, mg/L;

　　c_0——$\mathrm{Na_2S_2O_3}$标准溶液的浓度;

　　V_0——$\mathrm{Na_2S_2O_3}$标准溶液的滴定体积;

　　V_1——吸收液的体积, L。

(2)根据标准曲线,确定有机磷氧化产生的磷酸根浓度,计算有机磷农药的转化率,绘制草甘膦转化率随氧化反应时间的变化曲线。

六、思考与讨论

1. 各组实验结果差异的主要原因是什么?
2. 臭氧浓度测定中可能存在什么问题?如何解决?
3. 草甘膦农药臭氧氧化的基本机制是什么?

参考文献

[1] 杨景辉. 土壤污染与防治[M]. 北京:科学出版社,1995:290-291.

[2] Macdonald R W, Barrie L A, Bidleman T F. Contaminants in the Canadian Arctic:5 years of progress in understanding sources, occurrence and pathways[J]. The Science of the Total Environment,2000,264:93-234.

[3] 马瑾,潘根兴,万洪富,等. 有机磷农药的残留、毒性及前景展望[J],生态环境,2003,12(2):213-215.

[4] 金玉锁,龚瑞忠,朱忠林. 农药与生态环境保护[M]. 北京:化学工业出版社,2000.

[5] 李亮,李燕. 臭氧技术在水处理中的应用[J],中国科技论文在线.

[6] 储金宇,吴春笃,陈万金等. 臭氧技术及应用[M].北京:化学工业出版社,2002,50-143.

[7] 周元全,吴秉亮,高荣,等. 固体聚合物电解质电解臭氧发生器中不同晶型 PbO_2 阳极催化剂的特性[J].应用化学,1996,13(1):95-97.

第十三章 Cr(Ⅵ)的光化学还原

铬及其化合物广泛应用于工业生产的各个领域,是冶金工业、金属加工、电镀、制革、油漆、颜料、印染、制药、照相制版等行业必不可少的原料[1]。铬的毒性与其存在的价态有关,六价铬毒性最强,其毒性为三价铬的 100 倍,三价铬是最稳定的氧化态,是人体必需的微量元素。二价铬和铬本身的毒性很小或无毒。铬化合物可以通过消化道、呼吸道、皮肤和黏膜侵入身体,引起恶心、呕吐、鼻炎、喉炎、皮炎、湿疹等,长期作用下,可以引起贫血、肺气肿、支气管扩张等疾病同时,它对土壤、农作物和水生生物都有危害。含铬废水在土壤中积蓄,会使土壤板结,农作物减产。可见它对环境有严重的危害[2]。我国规定铬的排放标准为 Cr^{6+} 0.5 mg/L,在地面水中最高允许浓度:Cr^{3+} 为 0.5 mg/L,Cr^{6+} 为 0.05 mg/L[3]。因此对含 Cr^{6+} 的废水进行处理是十分必要的。

对含铬废水的净化处理在国内外已进行了多年不间断的研究,主要的方法有化学还原法、电解还原法、离子交换法、蒸发浓缩法、电渗透法、活性炭吸附法和 LSX 乳液处理法等[4]。

近二十多年来,利用光化学的基本原理,研究、开发处理各种污染物的新方法与新技术成为水处理技术的研究热点。光化学过程是地球上最普遍、最重要的过程之一。由于光化学方法以其特有的廉价、简单、清洁、迅速等许多优点正在逐步成为污水治理的主要方法。

所谓光化学反应,就是只有在光的作用下才能进行的化学反应。该反应中分子吸收光能被激发到高能态,然后电子激发态分子进行化学反应。光化学反应的活化能来源于光子的能量。其中,光催化降解在环境污染治理中的应用研究最为活跃。

在以往的研究中,人们注意到铁的化合物具有光化学活性,随着人们对它们的光化学性质认识的不断深入,逐步形成了一个独立的体系–铁系光催化氧化体系,Fe(Ⅲ)-羧酸盐络合物就是其中之一。本实验选用 Fe(Ⅲ)-草酸盐配合物体系对含 Cr(Ⅵ)的模拟废水进行光化学还原处理。

一、目的与要求

(1)学习光催化氧化还原的基本原理;
(2)掌握 Fe(Ⅲ)-草酸盐配合物体系的光化学性质;
(3)通过实验给出 Fe(Ⅲ)-草酸盐配合物体系对 Cr(Ⅵ)的光还原的最佳条件。

二、基本原理

铁(Ⅲ)-草酸盐配合物广泛存在于环境中,尤其在天然水相(包括雨水、云水、雾水等大气水相、地表水等)中的存在,构成了天然水相的常见成分。

自 20 世纪 50 年代起,大量的研究指出铁(Ⅲ)-草酸盐配合物具有高的光解效率。铁(Ⅲ)-草酸盐配合物体系在高压汞灯($\lambda \geqslant 365nm$)的照射下,发生光解的过程,可能涉及以下主要反应:

$$Fe(Ⅲ)\text{-}Ox+h\nu \longrightarrow Fe(Ⅱ)\text{-}Ox+Ox^- \cdot + \cdots \tag{13-1}$$

铁(Ⅲ)-草酸盐配合物光解产生的还原性自由基 $Ox \cdot^-$($C_2O_4^- \cdot A$ 和 $CO_2^- \cdot$)可以对某些环境污染物(如全氯烷烃等)进行光化学还原。而体系中由 Fe(Ⅲ)光化学还原生成的 Fe(Ⅱ)则是将 Cr(Ⅵ)还原为 Cr(Ⅲ)的主要还原剂,

$$Cr(Ⅵ)+Fe(Ⅱ) \rightarrow Cr(Ⅲ)+Fe(Ⅲ) \tag{13-2}$$

三、仪器和试剂

1. 仪器

可见分光光度计、pH 计、125W 高压汞灯($\lambda \geqslant 365nm$)、自转式光反应器、秒表、10mL 比色管(要求每组(8 只)的透光性能尽可能一致)。

2. 试剂

(1)三氯化铁(FeCl$_3$)储备液:称取 3.4g 三氯化铁,溶解于水,用盐酸调 pH<1,移入 250mL 容量瓶中,加水稀释至标线。此溶液铁离子含量为 0.5mol/L。

(2)三氯化铁(FeCl$_3$)使用液:吸取 10.00mL 三氯化铁储备液至 500mL 容量瓶中,加水稀释至标线。此溶液铁离子含量为 1.0mmol/L。临用配制。

(3)草酸钠(Na$_2$C$_2$O$_4$)储备液:称取 2.01g 草酸钠,溶解于水,移入 250mL 容量瓶中,加水稀释至标线。此溶液为 0.06mol/L。

(4)草酸钠(Na$_2$C$_2$O$_4$)使用液:吸取 10.00mL 草酸钠储备液至 500mL 容量瓶中,加水稀释至标线。此溶液为 1.2mmol/L。临用配制。

(5)铬标准储备液:称取 0.1414g 重铬酸钾(105~110℃烘干 2h,干燥器中放冷),溶解于水,移入 1000mL 容量瓶中,加水稀释至标线。此溶液每毫升含 50.0μg 六价铬。

(6)铬标准溶液:吸取 20.00mL 储备液至 1000mL 容量瓶中,加水稀释至标线。此溶液每毫升含 1.00μg 六价铬。临用配制。

(7)二苯碳酰二肼显色剂(溶液):溶解 0.20g 二苯碳酰二肼于 100mL95% 的乙醇中,一边搅拌,一边加入 400mL(1+9)硫酸。存放于冰箱中,可用一个月。

(8)硫酸(1+9):取 360mL 水,一边搅拌一边加入 40mL 浓硫酸。

(9)盐酸(0.1N):取 200mL 水,一边搅拌一边加入 1.8mL 浓盐酸。

(10)氢氧化钠(0.1N):称取 0.8g 氢氧化钠溶于 200mL 水中。

四、实验步骤

1. Cr(Ⅵ)标准曲线绘制

依次取铬标准溶液 0、0.4、0.8、1.2、1.6 和 2.0mL,至 10mL 比色管中,加水稀释至标线,加入 1mL 显色剂,混匀,放置 10min,用 1cm 比色皿,在波长 540nm 处,以试剂空白为参比,测定吸光度,绘制标准曲线。

2. 影响因素实验

（1）pH 影响。

①取 200mL 小烧杯 8 个，配制 1.0mg/L Cr(Ⅵ)水溶液，使得其中含有 10μmol/L 的 Fe(Ⅲ)和 120μmol/L 的草酸盐，用盐酸调节 pH 值至 3.0、3.5、4.0、4.5、5.0、5.5、6.0、7.0（见表 13-1）。

表 13-1　　　　　　　　　　　　　　烧杯排列加量表

烧杯号	1	2	3	4	5	6	7	8
铬标准储备液(mL)	2.0	2.0	2.0	2.0	2.0	2.0	2.0	2.0
三氯化铁(FeCl₃)使用液(mL)	1.0	1.0	1.0	1.0	1.0	1.0	1.0	1.0
草酸钠使用液(mL)	1.0	1.0	1.0	1.0	1.0	1.0	1.0	1.0
加水(mL)	90	90	90	90	90	90	90	90
pH 值	3.0	3.5	4.0	4.5	5.0	5.5	6.0	7.0

②把上述 8 个溶液分别转移到 8 个 100mL 容量瓶中，定容至 100mL。

③将上述 8 个反应液，用 10mL 移液管准确移取 10mL 到 8 支干燥的 10mL 比色管中。

④将上述 8 支 10mL 比色管，置于自转式光反应器中进行光化学反应。光照 5 min 后停止光反应器，用 2mL 移液管取 2mL 样品，稀释到 10mL，立即加入 1.00mL 二苯碳酰二肼显色剂，摇匀，显色 10min，在 540nm 处，以 1cm 的比色皿测定其吸光度，确定残余的 Cr(Ⅵ)浓度。实验数据及计算结果填入表 13-2。

表 13-2　　　　　　　　　　　pH 值对铬废液去除效率的影响

实验编号	1	2	3	4	5	6	7	8
pH	3.0	3.5	4.0	4.5	5.0	5.5	6.0	7.0
处理后溶液的吸光度								
去除效率								

（2）Fe(Ⅲ)浓度影响（Ox = 120μmol/L）。

取 200mL 小烧杯 6 个，配制 1.0mg/L Cr(Ⅵ)水溶液，使得其中含有 120μmol/L 的草酸盐，含 Fe(Ⅲ)的量分别为 2、5、10、15、20、25μmol/L，用盐酸调节 pH 值至最优点。

以下步骤同②～④。将实验数据及计算结果填入表 13-3。

表 13-3   **Fe(Ⅲ)的含量对铬废液去除效率的影响**

实验编号	1	2	3	4	5	6
Fe(Ⅲ)的含量(μmol/L)	2	5	10	15	20	25
处理后溶液的吸光度						
去除效率						

(3)草酸盐浓度影响(Fe=10μmol/L)。

取 200mL 小烧杯 4 个,配制 1.0mg/LCr(Ⅵ)水溶液,使得其中含有 10μmol/L 的 Fe(Ⅲ),含草酸盐的量分别为 30、60、120、240μmol/L,用盐酸调节 pH 值至最优点。

以下步骤同②～④。将实验数据及计算结果填入表 13-4。

表 13-4   **草酸盐的含量对铬废液去除效率的影响**

实验编号	1	2	3	4
草酸盐的含量(μmol/L)	30	60	120	240
处理后溶液的吸光度				
去除效率				

(4)Cr(Ⅵ)浓度影响(Fe/Ox=10/120)。

取 200mL 小烧杯 4 个,配制 0.5、1.0、2.0、5.0mg/LCr(Ⅵ)水溶液,使得其中含有 10μmol/L 的 Fe(Ⅲ)和 120μmol/L 的草酸盐,用盐酸调节 pH 值至最优点。

以下步骤同②～④。将实验数据及计算结果填入表 13-5。

表 13-5   **Cr(Ⅵ)浓度对铬废液去除效率的影响**

实验编号	1	2	3	4
Cr(Ⅵ)的含量(mg/L)	0.5	1.0	2.0	5.0
处理后溶液的吸光度				
去除效率				

3. 废水处理

(1)取 200mL 小烧杯 1 个,配制 Cr(Ⅵ)模拟废水,加入一定量的 $FeCl_3$ 和 $K_2C_2O_4$ 使用液,使得混合液中含有 Fe(Ⅲ)、$C_2O_4^{2-}$ 和 Cr(Ⅵ)量为影响因素实验所确定的最优量,并调节其 pH 值为最佳 pH 值。

(2)把上述溶液转移到 100mL 容量瓶中,定容至 100mL。

(3)用 10mL 移液管准确移取 10mL 到 8 支干燥的 10mL 比色管中。置于自转式光反应器中进行光化学反应。每隔一定时间取样品一支,立即加入 1.00mL 二苯碳酰二肼显色剂,摇匀,显色 10min,在 540nm 处,以 1cm 的比色皿测定其吸光度,确定残余的 Cr(Ⅵ)浓度。

五、实验结果与数据处理

1. 标准曲线数据及回归方程

在此实验条件下,Cr(Ⅵ)的光降解反应为一级反应,则有

$$\ln \frac{c_t}{c_0} = -k_p t$$

式中:c_0——Cr(Ⅵ)的初始浓度,mg/L;

c_t——Cr(Ⅵ)光照 t 小时的浓度,mg/L;

t——光照时间(小时);

k_p——光退色反应速率常数,h^{-1}。

因此,以 $\ln \frac{c_t}{c_0}$ 对 t 作图应为一直线,用最小二乘法可求出 $\ln \frac{c_t}{c_0}$ 与 t 的直线回归方程。

$$y = a + bx$$

b 和相关系数 R 可按下式计算:

$$b = \frac{\sum xy - \dfrac{\sum x \sum y}{n}}{\sum x^2 - \dfrac{\left(\sum x\right)^2}{n}}$$

$$a = \frac{\sum y - b \sum x}{n}$$

$$R = b \sqrt{\frac{\dfrac{\sum x^2 - \dfrac{\left(\sum x\right)^2}{n}}{n-1}}{\dfrac{\sum y^2 - \dfrac{\left(\sum y\right)^2}{n}}{n-1}}}$$

b 为直线斜率,即为反应速率常数 k_p。由此可由下式计算 Cr(Ⅵ)在水溶液中的光解半衰期:

$$t_{1/2} = \frac{\ln 2}{k_p}$$

根据实验结果,作出暗反应与光照的 $\ln \frac{c_t}{c_0} - t$ 相关图,并计算 a,b,R 和 $t_{1/2}$ 值。

2. 去除效率

$$去除效率(\%) = (c_0 - c)/c_0 \times 100\%$$

式中:c_0、c 分别是 Cr(Ⅵ)光照前后的浓度。

六、思考题

1. 试述本实验的反应机理。

2. Fe(Ⅲ)-草酸盐配合物体系的光化学性质有哪些?

3. 实验过程误差的主要来源有哪些? 如何减少?

参考文献

[1] Losi M E,Amrhein C,Frankenberger W T. Factors affecting chemical and biological reduction of hexavalent chromium in soil[J]. Environ. Toxicol. Chem,1994,13:1727-1735.

[2] 廖自基. 环境中微量重金属元素的污染危害与迁移转化[M]. 北京:科学出版社, 1989:139-160.

[3] 国家环境保护局. 水和废水监测分析方法[M]. 北京:中国环境科学出版社,2002: 344-349.

[4] 郑宝华,李峥嵘,马奇,等. 含铬废水处理方法综述[J]. 化工设备与防腐蚀,1998,6:32- 34.

[5] 中国标准出版社第二编辑室编. 中国环境保护标准汇编:水质分析方法[M]. 北京:中 国标准出版社,2001.

[6] 张琳,肖玫,吴峰,等. 光化学还原法处理六价铬模拟废水的试验研究[J].水处理技术, 2005,31(6):35-37.

第十四章　水样中痕量有机污染物的分离与富集

一、背景知识

在分析化学中,样品预处理的好坏是影响分析灵敏度、准确度和分析速度的重要因素。目前,最常用的样本富集方法仍是液-液萃取(LLE)。为了提高富集的效率,在过去的二十多年中,固相萃取作为化学分离和纯化的一个强有力工具出现了。从痕量样品的前处理到工业规模的化学分离,固相萃取在制药、精细化工、生物医学、食品分析、有机合成、环境和其他领域起着越来越重要的作用。

固相萃取(Solid Phase Extraction,SPE)是一种试样处理技术,由液固萃取和柱液相色谱技术相结合发展而来。与 LLE 相比,SPE 具有如下优点:①速度较快,缩短了预处理时间;②较高的精密度和准确度;③分析物的高回收率;④有机溶剂的低消耗,降低了实验成本,又减少了对环境的污染;⑤不出现乳化现象,易获得较为纯净样品;⑥操作简单,易于自动化。正因为这些优势,SPE 日趋受到重视,现已用于 GC、LC、MS、NMR、UV-Vis、AA 等的样品预处理。

双酚 A(Bisphenol A,BPA),是生产聚碳酸酯和环氧树脂的重要原料。由 BPA 制造的最终产品包括聚碳酸酯塑料制品、附着剂、保护涂层、汽车透镜、建材、光学透镜、热纸、纸涂层以及电子器件的包覆材料等。BPA 具有一定的水溶性,低挥发性,易于生物降解,半衰期为 2.5~4d。BPA 具有弱到中等毒性(藻类的 EC_{50} 为 1000μg/L),在水生生物体内富集能力较低(BCFs 为 5~68)。由于 BPA 在食品包装材料上的广泛使用,它的安全性问题受到极大关注。有报道指出 BPA 可以在受热情况下从塑料中溶出[18],而且存在于食品中。这些报道也指出 BPA 具有雌激素活性。而有报道指出 BPA 的雌激素活性为 E2 的 2‰。

表 14-1　　　　　　　　　　　　　**BPA 的基本物理化学性质**[17]

性质/参数	BPA
分子式	$C_{15}H_{16}O_2$
结构式	
CAS No.	85-05-7
分子量	228

续表

性质/参数	BPA
熔点(℃)	150 ~ 155
沸点(℃)	398
比重(20℃)	1.060 ~ 1.195
溶解度(mg/L,pH 7)	120 ~ 300
蒸气压(mmHg,25℃)	$8.70\times10^{-10} ~ 1.0\times10^{-7}$
pK_a	9.59 ~ 11.30
$\log K_{ow}$	2.20 ~ 3.82

二、目的与要求

(1)学习了解 SPE 的基本原理和应用领域;
(2)掌握 SPE 对环境水样预处理的操作。

三、实验原理

固相萃取是一个包括液相和固相的物理萃取过程。在固相萃取中,固相对分离物的吸附力比溶解分离物的溶剂更大。当样品溶液通过吸附剂床时,分离物浓缩在其表面,其他样品成分通过吸附剂床。通过只吸附分离物而不吸附其他样品成分的吸附剂,可以得到高纯度和浓缩的分离物。如图 14-1 与图 14-2 所示。

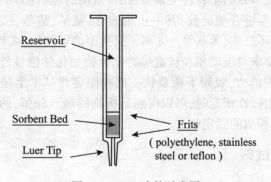

图 14-1　SPE 小柱示意图

1. 保留和洗脱

在固相萃取中最通常的方法是将固体吸附剂装在一个针筒状柱子里,使样品溶液通过吸附剂床,样品中的化合物或通过吸附剂或保留在吸附剂上(依靠吸附剂对溶剂的相对吸附)。"保留"是一种存在于吸附剂和分离物分子间吸引的现象,造成当样品溶液通过吸附剂床时,分离物在吸附剂上不移动。保留是分离物、溶剂和吸附剂三个因素的相互作用的结

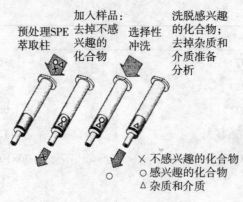

预处理SPE萃取柱　加入样品：去掉不感兴趣的化合物　选择性冲洗　洗脱感兴趣的化合物；去掉杂质和介质准备分析

× 不感兴趣的化合物
○ 感兴趣的化合物
△ 杂质和介质

图 14-2　SPE 过程示意图

果。所以,一个给定的分离物的保留行为在不同溶剂和吸附剂存在下是变化的。"洗脱"是通过加入一种对分离物的吸引比吸附剂更强的溶剂,从而将保留在吸附剂上的分离物从吸附剂上去除的过程。

2. 容量和选择性

吸附剂的容量是在最优条件下,单位吸附剂的量能够保留一个强保留分离物的总量。不同键合硅胶吸附剂的容量变化范围很大。选择性是吸附剂区别分离物和其他样品基质化合物的能力,也就是说,保留分离物去除其他样品化合物的能力。一个高选择性吸附剂是从样品基质中仅保留分离物的吸附剂。吸附剂选择性主要由分离物的化学结构、吸附剂的性质和样品基质的组成决定。

固相萃取的类型包括键合硅胶 SPE、聚合物吸附剂 SPE、免疫亲和吸附剂 SPE 和分子嵌入聚合物 SPE。可应用 SPE 的填料种类繁多,比较常用的包括:①吸附型的活性炭、硅藻土、硅酸镁、氧化铝等。化学键合型硅胶,其中正相的有:氨基、腈基、二醇基等;反相的有:C1、C2、C6、C8、C18、腈基、环己基、苯基等。②离子交换型的季胺基、氨基、二氨基、苯磺酸基、羧基等。固相萃取剂除要求对流动相和被富集的化合物呈化学惰性外,还应保持吸附可逆性的同时具有很高的吸附能力,吸附平衡要快。选择固定相基本上是遵循相似相溶原则的。分析物的极性与固定相极性相近时,可以得到分析物的最佳保留,两者极性越相近,保留越好,所以要尽可能选择相似的固定相。

四、实验设备与试剂

1. 试剂

BPA 为化学纯,1000μg/L BPA 储备液。试剂甲醇及乙腈(均为 HPLC 级),C18 吸附小柱,经纯化处理后,浸泡在甲醇中保存备用。水为纯净水。模拟水样含 BPA 为 10μg/L。

2. 仪器

高压液相色谱仪(紫外检测器)、N3000 色谱工作站(浙江大学)、UV-1601 UV-Vis 分光光度计(Shimaduz,日本)、SPE 装置柱(色谱科,美国,见图 14-3)。其他器械和玻璃器皿包括:5L 下口瓶(带橡皮塞和弯管,3 个)、铁架台(3 个)、烧杯 250mL(4 个)、10mL 量筒(2 个)、秒表(1 个)、25mL 分液漏斗(3 个)、10mL 刻度试管(3 只)、滴瓶和滴管(1 套)。

图 14-3　SPE 实验装置

五、实验方法

1. 预处理萃取柱

在萃取样品之前,为了湿润固相萃取柱填料,用一满管溶剂冲洗管子。反相类型硅胶和非极性吸附剂介质,通常用水溶性有机溶剂如甲醇预处理,然后用水或缓冲溶液。甲醇湿润吸附剂表面和渗透键合烷基相,以允许水更有效地湿润硅胶表面。有时前预处理溶剂在甲醇之前使用。这些溶剂通常是与洗脱溶剂一样,是用于消除固相萃取管上的杂质及其对分析物的干扰,也可能该杂质只溶于强洗脱溶剂。正相类型固相萃取硅胶和极性吸附剂介质,通常用样品所在的有机溶剂来预处理。离子交换填料将用于非极性有机溶剂中的样品,需用 3~5mL 的去离子水或低浓度的离子缓冲溶液来预处理。为了使固相萃取填料从预处理到样品加入时都保持湿润,在管过滤片(frit)或萃取片表面之上允许有大约 1mL 的预处理溶剂。如果样品是从一个储液管或过滤管引入固相萃取管,则多加入 0.5mL 最后的预处理溶剂到 1mL 的固相萃取管中,如果是 2~3mL 的萃取柱,则多加入 4~6mL 到管中,等等。这是为了保证在样品加入之前萃取柱湿润。如果在样品加入之前,萃取柱中的填料干了,重复预处理过程。在重新引入有机溶剂之前,用水冲洗柱中缓冲溶液的盐。

2. 加入样品

将样品装入萃取柱,此时,固相萃取小柱中的填料会吸附样品中所感兴趣的化合物或者样品中的杂质。这样,当样品流出时,所选择的化合物(包括杂质)被留在萃取柱上。

3. 冲洗填料

用一种强得能洗脱杂质而又能保留感兴趣的化合物的冲洗液来冲洗杂质。

4. 洗脱感兴趣的化合物

用溶剂将被吸附在萃取柱上的化合物洗脱。

5. BPA 的高压液相色谱法分析

BPA 水溶液的 UV 吸收光谱如图 14-4 所示,其特征吸收峰为 278nm。

色谱条件:HP Zorbax SB-C18 柱(4.6mm×150mm,5μm),流动相为乙腈:水 = 50∶50

(V/V)，流速为 $0.5 mL/min$；紫外检测器波长为 $\lambda = 278 nm$，进样体积为 $20 \mu L$。BPA 的保留时间为 $7.78 min$。BPA 浓度在 $0 \sim 20.0 mg/L$ 范围内，液相色谱分析的标准曲线方程为：Peak Area $= 3645 + 23789 c_{BPA}$，相关系数 $r = 0.9991$。

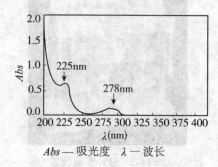

Abs — 吸光度　　λ — 波长

图 14-4　10mg/L BPA 水溶液的 UV 吸收光谱

六、实验结果与数据处理

标准曲线和样品测定结果列于表 14-2。

表 14-2　　　　　　　　　　　　　　　　实 验 结 果

标准系列	0	1	2	3	4	5
浓度（μg/L）						
峰面积						
标准曲线						
样品		纯净水	自来水		模拟水样	
峰面积						
浓度						

七、注意事项

（1）调节 SPE 装置的负压，控制好模拟水样通过 SPE 萃取柱的速度，保持各组 SPE 小柱的均匀一致性；

（2）保证 SPE 小柱预处理完全，减少杂质进入最后待测样品；

（3）注意操作中避免交叉污染和样品损失。

八、思考与讨论

1. 水中痕量有机物的分离富集方法有哪些，各有什么优缺点？

2. 如果高压液相色谱未能检出 BPA,可以如何进一步进行分析?

3. 如果待测水样含有的有机物种类比较复杂,应该如何改进洗脱流程?

4. SPE 装置使用与 SPE 小柱选择的说明如下,请详细阅读,体会与讨论操作的要点。

(1)SPE 装置使用说明。

1)spe-12 头玻璃固相萃取装置组成:1 套真空装置包括玻璃真空腔、12-道 SPE 面板(带黄色小帽)、不锈钢引流针头、聚乙烯垫圈和 24 个流量控制阀;1 套真空表/真空控制装配;1套样品收集架,带 3 个支撑杆、4 个高度调节板(白色)、4 个面板支撑杆(黑色)和 12 个调节板支撑夹子。其他需要的材料包括真空烧瓶(500mL 或更大),用于真空过滤的真空管和1/4"直径真空泵 508～635mmHg。

2)安装步骤。

A. 小心打开包装盒。检查里面的货物是否和清单相符。检查所有部件是否有损坏;

B. 按照最合适所需的收集容器,选择样品收集架隔板。将 3 根收集架支撑柱安装在隔板上,支撑柱由支撑夹子保护,隔板由支撑柱保护。支撑夹的位置在每个隔板的上面和下面。

C. 附件不锈钢引流针头安装在装置面板的下端突起处。在面板的上端将黄色的小帽取下,轻轻但牢固地插入流量控制阀。面板四个角拧上黑色支撑杆。

D. 在真空泵和装置之间放置一个真空烧瓶,用来收集漂洗和清洗液。使用真空管,一头连接在真空烧瓶,一头接在装置右侧真空表旁的接口处。用抽真空用水龙头,小型真空泵或是家用真空吸尘器就可以达到合适的真空度。

3)固相萃取装置使用说明。

A. 样品准备:按照操作程序准备样品。

B. 萃取柱预备:将样品收集架从真空腔中移走,将不使用的流量调节阀关闭。当抽真空时,面板将自我密封。压一下面板产生密封。如果密封失败,可能原因是垫圈老化了,需要更换。

C. 将固相萃取柱插入装置面板顶部的流量控制阀上打开真空泵(254～381mmHg 最合适)。用真空控制旋钮(真空表旁白色环状部分)调节真空度,用流量控制阀调节单个的萃取柱的流速,用指定的溶剂作为萃取条件。

D. 关闭真空泵:通过用真空控制旋钮(真空表旁白色环状部分)卸去真空。(在打开装置前如果没有卸去真空也许会导致收集样品的泼溅或溢出)。禁止抽干萃取柱!

E. 因为使用条件不是使用大量的溶剂,所以溶剂能够很容易地被从压力瓶或是自动移液器中提取。

(2)固相萃取小柱大小选择。

参考固相萃取柱的类型及应用,选择适当的填料类型,然后选择固相萃取柱大小和填料量。根据样品装载量,选择固相萃取柱的大小如表14-3 所示。

(3)选择固相萃取柱的填料量

反相、正相和吸附类型的过程:被萃取样品的质量不超过柱中填料量的 5%,即用

100mg/mL 的固相萃取柱,分析物质不超过 5mg。

离子交换过程:必须考虑离子交换的容量,如 SAX 和 SCX 其吸附剂容量为 0.2 毫当量/克。

表 14-3 固相萃取小柱大小选择

样品量	萃取柱的大小
<1mL	1mL
1～250mL,且不要求萃取速度	3mL
1～250mL,要求快速萃取	6mL
10～250mL,要求高样品容量	12,20 或 60mL
<1L,且不要求萃取速度	12,20 或 60mL
100mL～1L	47mm
>1L 和要求高样品容量	90mm

参考文献

[1] 张莘民,杨凯. 固相萃取技术在我国环境化学分析中的应用[J]. 中国环境监测,2000,6:53-56.

[2] Sigma-Aldrich 公司,Supelco SPE 指南(Guide to Solid Phase Extraction),Bulletin 910,1998. http://www. sigmaaldrich. com/Graphics/Supelco/objects/4600/4538. pdf.

第十五章　水体富营养化指标——N 与 P 的监测与评价

水体富营养化(eutrophication),是指在人类活动的影响下,生物所需的氮、磷等营养物质大量进入湖泊、河口、海湾等缓流水体,引起藻类及其他浮游生物迅速繁殖,水体溶解氧含量下降,水质恶化,出现鱼类及其他生物大量死亡的现象。现代湖沼学也把这一现象当做湖泊演化过程中逐渐衰亡的一种标志。

在自然条件下,由于水土流失、蒸发和降水输送等过程会使水体中的营养物质逐渐积累,使一些湖泊从贫营养向富营养化发展,逐渐由湖泊变成沼泽,最后变成旱地。不过这一自然过程需要几千年甚至几万年才能完成。但人类活动的影响会急剧地加速这一过程,特别是现代生活中人类对环境资源开发利用活动日益增加,工农业迅速发展,城市化现象愈加明显。未经处理的城市生活污水和工农业废水流入湖泊和江河中,大量氮、磷等营养物质进入缓流水体,在短时间内就可以导致富营养化。此时水体中藻类过量繁殖,因为它们的颜色不同,水面往往呈现蓝色、红色、棕色、乳白色等,这种现象在江河湖泊中称为"水华",在海洋则称为"赤潮"。

富营养化是目前世界上重要的水环境问题之一。欧洲、非洲、北美洲和南美洲分别有53%、28%、48%和41%的湖泊存在不同程度的富营养化现象,亚太地区 54% 的湖泊处于富营养化状态。我国水体的富营养化问题也十分严重,调查表明,富营养化湖泊个数占调查湖泊的比例由 20 世纪 70 年代末期的 41%,发展到 80 年代后期的 61%,到 90 年代后期上升到 77%。

湖泊是人类赖以生存的重要水资源,它不仅是农业、养殖业以及生活用水的主要水源,同时还具有维持生物多样性、调节气候、蓄纳洪水、调节地表径流、净化水质等功能。富营养化对水体危害主要表现在三个方面:①富营养化的水使浮游生物大量繁殖,消耗了水中大量的氧,使水中溶解氧严重不足,而水面植物的光合作用,则可能造成局部溶解氧的过饱和。这两种情况都对水生动物(主要是鱼类)有害,导致鱼类大量死亡,对水体水质、生态系统以及淡水养殖业造成巨大损害。②富营养化水体底层堆积的有机物质在厌氧条件下分解产生的有害气体,以及一些浮游生物产生的生物毒素(如微囊藻毒素)也会伤害水生动物。某些产毒藻类还能间接或直接危害人类的健康和生命安全。③污染水源,随着水质富营养化,水中的氮、磷含量增高,形成硝酸盐、亚硝酸盐,影响人和动物饮用水安全,甚至威胁人类的生活和生存。

从加强对湖泊的管理,保护湖泊生态环境的角度出发,了解湖泊的富营养化状况,进行湖泊富营养化评价具有十分重要的意义。水体富营养化评价是对水体富营养化发展过程中某一阶段营养状况的定量描述,其主要目的是通过对具有水体富营养化代表性指标的调查,判断该水体的营养状态,了解其富营养化进程及预测其发展趋势,为水体水质管理及富营养化防治提供科学依据。

目前湖泊富营养化评价的基本方法有很多,如特征评价法、参数法、生物指标参数法、营养状况指数法(卡尔森营养状态指数(TSI))、修正的营养状态指数、综合营养状态指数(TLI)、营养度指数法及数学评价法(模糊评价模、神经网络评价)等。评价指标包括物理、化学、生物等环境要素,其中最常用的指标是叶绿素 a(chla)、总磷(TP)、总氮(TN)、透明度(SD)、高锰酸盐指数(COD_{Mn})等。本实验介绍其中两个十分重要的指标总氮和总磷的测定方法。

I. 总磷的测定

一、目的与要求

(1)认识湖泊富营养化的危害,明确其主要影响因子。
(2)学习水中总磷的测定原理。
(3)掌握水中总磷的测定方法。

二、实验原理

在天然水和废(污)水中,磷主要以各种磷酸盐(正磷酸盐、焦磷酸盐、偏磷酸盐和多磷酸盐)等多种形态和有机磷(如磷脂等)形式存在,磷同时也存在于腐殖质离子和水生生物中。磷是生物体所必需的营养元素,在生物圈的各级生物中起着能量传输的作用,是生命体与非生命体的纽带。适量的磷对自然界中的动植物都有益处,但过量的磷会使自然水体中的藻类物质大量繁殖,导致水体富营养化,破坏生态平衡,所以准确监测水体中磷含量十分必要。环境中的磷主要来源于化肥、冶炼、合成洗涤剂等行业的废水和生活污水。

目前正磷酸盐的测定方法主要有:离子色谱法、钼锑抗分光光度法、孔雀绿-磷钼杂多酸分光光度法、罗丹明 6G 荧光分光光度法、气相色谱法(FPD)等,本实验采用钼锑抗分光光度法。

在中性条件下用过硫酸钾使试样消解,将所含磷全部氧化为正磷酸盐。在酸性介质中,正磷酸盐与钼酸铵反应,在锑盐存在下生成磷钼杂多酸后,立即被抗坏血酸还原,生成蓝色的络合物,然后用分光光度计在 700nm 波长下进行测定。生成磷钼蓝的反应如下:

$$12(NH_2)_2MoO_4 + H_2PO_4^- + 24H^+ \xrightarrow{KSbC_4H_4O_7} [H_2PMo_{12}O_{40}]^- + 24NH_4^+ + 12H_2O$$

$$[H_2PMo_{12}O_{40}]^- \xrightarrow{C_6H_8O_6} H_3PO_4 \cdot 10MoO_3 \cdot Mo_2O_5$$

三、仪器与试剂

(1)可见分光光度计。
(2)医用手提式蒸汽消毒器(1.1 ~ 1.4 kg/cm²)。
(3)50mL 具塞(磨口)比色管。

（4）硫酸（H_2SO_4）（1+1）：将适量浓硫酸沿烧杯壁缓缓倒入等体积蒸馏水中，此过程中应不断用玻璃棒进行搅拌以便散热。

（5）过硫酸钾溶液（50g/L）：将 5.0g 过硫酸钾（$K_2S_2O_8$）溶解于蒸馏水，并稀释至 100mL。

（6）10% 抗坏血酸溶液：溶解 10g 抗坏血酸于蒸馏水中，并稀释至 100mL。该溶液储存在棕色玻璃瓶中，在约 4℃ 可稳定几周。如颜色变黄，则弃去重配。

（7）钼酸盐溶液：溶解 13g 钼酸铵（$(NH_4)_6Mo_7O_{24} \cdot 4H_2O$）于 100mL 水中。溶解 0.35g 酒石酸锑氧钾（$K(SbO)C_4H_4O_6 \cdot \frac{1}{2}H_2O$）于 100mL 蒸馏水中。在不断搅拌下，将钼酸铵溶液徐徐加入 300mL（1+1）硫酸中，再加入酒石酸锑氧钾溶液并且混合均匀。储存在棕色的玻璃瓶中于约 4℃ 保存。至少稳定两个月。

（8）磷酸盐储备液：将优级纯 KH_2PO_4 于 110℃ 干燥 2h，在干燥器中放冷，称取 0.2197g，溶解后转入 1000mL 容量瓶中，加入大约 800mL 蒸馏水、加 5mL 硫酸（4）用蒸馏水稀释至标线并混匀。此标准溶液浓度为 50.0μg/mL 磷。本溶液在玻璃瓶中可储存至少六个月。

（9）磷酸盐标准液：取 10.00mL 储备液于 250mL 容量瓶，稀释至刻度，此溶液浓度为 2.00μg/mL 磷。临用时现配。

（10）酚酞溶液（10g/L）：0.5g 酚酞溶于 50mL 95% 乙醇中。

（11）浊度-色度补偿液：将（1+1）的硫酸和抗坏血酸溶液按 2:1 的体积混合。使用当天配制。

四、实验步骤

（1）取 25.00mL 样品于 50mL 具塞比色管中。取前应充分摇匀，以得到溶解部分和悬浮部分均具有代表性的试样。如样品中含磷浓度较高，试样体积可以减少。另取 25.00mL 蒸馏水代替样品，作为空白试样。

（2）过硫酸钾消解：向上述试样中及空白溶液中加入 4.0mL 过硫酸钾，摇匀，将具塞比色管的盖塞塞紧后，用一小块布和线将玻璃塞扎紧（或用其他方法固定），放在大烧杯中置于高压蒸气消毒器中加热，待压力达 1.1 kg/cm² ，相应温度为 120℃ 时、保持 30min 后停止加热。待压力表读数降至零后，取出放冷。然后用水稀释至标线。

（3）工作曲线绘制：分别吸取 2.00μg/mL 磷酸标准溶液 0.00、0.50、1.00、3.00、5.00、10.00mL 于 50mL 具塞比色管中，加水稀释至 25.00mL，各加入 4.0mL 过硫酸钾溶液，摇匀。再按（2）中的步骤进行消解。

（4）显色：分别向各份消解液中加入 1.00mL 抗坏血酸溶液，混匀，放置 30 秒后加入钼酸盐溶液 2.00mL，充分摇匀。

（5）分光光度法测定：将上述样品在室温放置 10～15min 后。用 3cm 比色皿，在 λ = 700nm 处，以水为参比，测定工作曲线的吸光度，用线性回归的方法，给出回归方程、相关系数。在相同条件下，测定水样的吸光度，并计算出水样的总磷含量。

五、结果与计算

将标准曲线数据记入表 15-1。

表 15-1

编 号	1	2	3	4	5	6
P 含量(μg)	0.00	1.00	2.00	6.00	10.00	20.00
吸光度(A)						

所得标准曲线回归方程：＿＿＿＿＿＿＿＿＿＿；相关系数＿＿＿＿＿＿＿＿＿＿＿＿。

总磷含量 c，按式(15-1)计算：

$$c(\text{mg/L}) = m/V \qquad (15\text{-}1)$$

式中：m——试样测得含磷量，μg；

V——测定用试样体积，mL。

六、注意事项

(1)分析过程中所用的玻璃器皿都必须用稀盐酸或稀硝酸进行浸泡 1h 以上，用清水清洗后再用去离子水淋洗数遍后使用，不可用含磷洗涤剂洗刷。

(2)用过硫酸钾消解前应将水样调制中性，否则将使消化不完全，测定结果偏低。

(3)如试样中含有浊度或色度时，需配制一个空白试样(消解后用水稀释至标线)然后向试样中加入 3.00mL 浊度-色度补偿液，但不加抗坏血酸溶液和钼酸盐溶液。然后从试样的吸光度中扣除空白试样的吸光度后再进行计算。

(4)显色时应注意的问题：①由于该方法是先定容，再加显色剂，显色剂的加入量直接影响到显色体系的最终体积，因此显色剂需准确移取；②温度对显色时间有加大的影响，如显色时室温低于 13℃，可将其放到 20~30℃的水浴中，以缩短显色时间，同时，显色后的试样稳定时间在 30min 左右，因此应该在此时间内完成比色工作。

(5)磷钼蓝在比色皿上的吸附作用很强时，使比色皿呈蓝色，特别是高浓度的样品更为明显，用水很难清洗干净。此时可将比色皿在稀硝酸溶液中浸泡一会儿，再按常规方法洗涤。

(6)本方法适用于地面水、污水和工业废水。取 25mL 试样，本方法的最低检出浓度为 0.01 mg/L，测定上限为 0.6 mg/L。

(7)在酸性条件下砷大于 2 mg/L 干扰测定，用硫代硫酸钠去除。硫化物大于 2 mg/L 干扰测定，通氮气去除。铬大于 50mg/L 干扰测定，用亚硫酸钠去除。

(8)过硫酸钾消解-钼锑抗分光度法具有操作简单、结果稳定的优点，但是对于严重污染的贫氧水、含有大量铁、钙、铝等金属盐和有机物的废水及未经处理的工业废水的消解结果不理想，必须改用更强的氧化剂(如硝酸-高氯酸)进行消解。

七、思考与讨论

1. 水中磷的主要来源有哪些？磷与水体的富营养化有何关系？

2. 若水样呈酸性,能否直接消解?为什么?

3. 本实验测定的是哪种形态的磷?

4. 实验中为何要加入抗坏血酸?

参考文献

[1] 陈水勇,吴振明,俞伟波,等.水体富营养化的形成,危害和防治[J].环境科学与技术, 1999,2(11):7.

[2] 龚志军,谢平,唐汇涓,等.水体富营养化对大型底栖动物群落结构及多样性的影响 [J].水生生物学报,2001,25(3):210-216.

[3] 马经安,李红清.浅谈国内外江河湖库水体富营养化状况[J].长江流域资源与环境, 2002,11(6):575-578.

[4] 王明翠,刘雪芹,张建辉.湖泊富营养化评价方法及分级标准[J].中国环境监测,2002, 18(5):47-49.

[5] 黄清辉,王东红,王春霞,等.沉积物中磷形态与湖泊富营养化的关系[J].中国环境科 学,2003,23(6):583-586.

[6] 付永清,周易勇.沉积物磷形态的分级分离及其生态学意义[J].湖泊科学,1999,11 (4):376-381.

[7] 黄清辉,王磊,王子健.中国湖泊水域中磷形态转化及其潜在生态效应研究动态[J].湖 泊科学,2006,18(3):199-206.

[8] GB 11893—89 水质总磷的测定钼酸铵分光光度法[S].

[9] 叶常明.21 世纪的环境化学[M].北京:科学出版社,2004.

II. 总氮的测定

一、目的与要求

(1)学习水中总氮的测定原理。

(2)掌握水中总氮的测定方法。

(3)学习评价富营养化的基本方法。

二、实验原理

氮主要来源于生活污水、农田排水及含氮工业废水。总氮是水中所含氨氮、硝酸盐氮、亚硝酸盐氮和有机氮之和的总称,是表征湖库水质富营养化程度的重要指标之一。总氮的测定方法有总氮加和法、气相分子吸收光谱法、碱性过硫酸钾消解紫外分光光度法和仪器测定法(燃烧法)等。本实验采用碱性过硫酸钾消解紫外分光光度法。

该方法的原理是在 60℃ 以上的水溶液中,过硫酸钾可分解产生硫酸氢钾和原子态氧,硫酸氢钾在溶液中离解而产生氢离子,加入氢氧化钠用以中和氢离子,使过硫酸钾分解完全,同时分解出的原子态氧在 120～124℃条件下,可使水样中含氮化合物的氮元素转化为硝酸盐。此过程中有机物同时被氧化分解。采用紫外分光光度法于波长 220 和 275nm 处,分别测出吸光度 A_{220} 及 A_{275},按式(15-2)计算出校正吸光度 A,总氮(N 计)含量与校正吸光度成正比:

$$A = A_{220} - 2A_{275} \tag{15-2}$$

过硫酸铵分解反应的方程式如下:

$$K_2S_2O_8 + H_2O \longrightarrow 2KHSO_4 + 1/2O_2$$

$$KHSO_4 \longrightarrow K^+ + HSO_4^-$$

$$HSO_4^- \longrightarrow H^+ + SO_4^{2-}$$

三、仪器与试剂

本实验用水均为无氨水,硝酸钾(KNO$_3$)为基准或优级纯试剂,其他试剂为符合国家标准的分析纯试剂,且氢氧化钠(NaOH)和过硫酸钾(K$_2$S$_2$O$_8$)的含氮量应小于 0.0005%。

(1)紫外分光光度计:具 10mm 石英比色皿。

(2)医用手提式蒸汽灭菌器:最高工作压力不低于(1.1～1.4 kg/cm^2),最高工作温度不低于 120～124℃。

(3)具塞磨口玻璃比色管:25mL。

(4)无氨水的制备:在 1000mL 蒸馏水中,加入 0.1mL 硫酸($\rho = 1.84g/mL$),并在全玻璃蒸馏器中重蒸馏。弃去前 50mL 馏出液,然后将约 800mL 馏出液收集在带有磨口玻璃塞的玻璃瓶中。也可使用新制备的去离子水。

(5)氢氧化钠溶液(200g/L):称取 20g 氢氧化钠(NaOH),溶于无氨水中,稀释至100mL,置于聚乙烯瓶中保存。

(6)氢氧化钠溶液(20g/L):将(5)溶液稀释 10 倍,置于聚乙烯瓶中保存。

(7)碱性过硫酸钾溶液:称取 40.0g 过硫酸钾(K$_2$S$_2$O$_8$),溶于 600mL 水中(可置于50℃水浴中加热至全部溶解);另取 15.0g 氢氧化钠,溶于 300mL 水中。待氢氧化钠溶液冷却至室温后,混合两种溶液定容至 1000mL,存放在聚乙烯瓶内,可保存一周。

(8)盐酸溶液(1+9):量取 1 份 HCl(A.R)与 9 份水混合均匀。

(9)硝酸钾标准储备液($c_N = 100mg/L$):硝酸钾(KNO$_3$)在 105～110℃烘箱中干燥 3h,在干燥器中冷却后,称取 0.7218g,溶于无氨水中,移至 1000mL 容量瓶中,用无氨水稀释至标线,在 0～10℃暗处保存,可稳定 6 个月。

(10)硝酸钾标准使用液($c_N = 10.0mg/L$):将储备液稀释 10 倍,临用时配制。

四、实验步骤

1. 样品的采集和保存

采集好的样品储存在聚乙烯瓶或硬质玻璃瓶中,可用浓硫酸调节 pH 值至 1～2,并尽快测定。储存在聚乙烯瓶中，-20℃冷冻，可保存一个月。

2. 试样的准备

取适量样品用氢氧化钠或硫酸调节 pH 值至 5 ~ 9，待测。

3. 标准曲线的绘制

分别移取 0.00、0.20、0.50、1.00、3.00、5.00mL 硝酸钾标准使用液于 25mL 具塞磨口比色管中，其对应的总氮（以 N 计）含量分别为 0.00、2.00、5.00、10.00、30.00、50.00μg 加水稀释至 10.00mL，再加入 5.00mL 过硫酸钾溶液，塞紧管塞，用纱布和线绳扎紧管塞，以防弹出。将比色管置于高压蒸汽灭菌器中，加热至顶压阀吹气，关阀，继续加热至 120℃时开始计时，保持温度在 120 ~ 124℃之间 30min。自然冷却后，开阀放气，取出比色管冷却至室温，按住管塞将比色管中的液体颠倒混匀 2 ~ 3 次。（若比色管在消解过程中出现管口或管塞破裂，应重新取样分析。）

分别向各比色管中加入 1.0mL 1+9 的盐酸溶液，用水稀释至 25mL 标线，在紫外分光度计上，以无氨水做参比，分别于波长 220nm 和 275nm 处测定吸光度。

按下列公式计算零浓度（空白）溶液的校正吸光度 A_b、其他标准系列的校正吸光度 A_s 及其差值 A_r，用 A_r 对总氮（以 N 计）含量（μg）进行线性回归，得到回归方程和相关系数 R。

$$A_b = A_{b220} - 2A_{b275}$$
$$A_s = A_{s220} - 2A_{s275}$$
$$A_r = A_s - A_b$$

式中：

A_b——零浓度（空白）溶液的校正吸光度；

A_{b220}——零浓度（空白）溶液于波长 220nm 处的吸光度；

A_{b275}——零浓度（空白）溶液于波长 275nm 处的吸光度；

A_s——标准溶液的校正吸光度；

A_{s220}——标准溶液于波长 220nm 处的吸光度；

A_{s275}——标准溶液于波长 275nm 处的吸光度；

A_r——标准溶液校正吸光度与零浓度（空白）溶液校正吸光度的差。

4. 水样测定

量取 10.00mL 试样于 25mL 具塞磨口玻璃比色管中，按照上述步骤进行测定。如果试样中的含氮量过高，可减少取样量并加水稀释至 10.00mL。

5. 空白试验

用 10.00mL 无氨水代替试样，按照水样的操作步骤进行测定。

五、结果与计算

将标准曲线数据记入表 15-2。

表 15-2

编　　号	1	2	3	4	5	6
硝酸钾标准使用溶液(mL)	0.00	0.20	0.50	1.00	3.00	5.00
总氮含量(μg)	0.00	2.00	5.00	10.00	30.00	50.00
A_{220}						
A_{275}						
A_b						
A_s						
A_r						

所得标准曲线回归方程：_____；相关系数：_____。

将水样测定数据记入表 15-3。

表 15-3

样品 A_{220}	样品 A_{275}	A_b	A_s	A_r	试样含氮量 （μg）	水样体积 （mL）	水样中总氮 含量(mg/L)

按下式计算总氮：

$$总氮(mg/L) = m/V$$

式中：

　　m——试样测出含氮量，μg；

　　V——测定用试样体积，mL。

六、注意事项

（1）测定应在无氨的实验室环境中进行，避免环境交叉污染对测定结果产生影响。实验所用的器皿和高压灭菌器等均应无氨污染。实验所用的玻璃器皿应用盐酸(1+9)溶液浸泡，用自来水冲洗后再用无氨水冲洗数次，洗净后立即使用。高压灭菌器应每周清洗。

（2）为保证实验结果的可靠性，要求每批样品至少做一个空白试验，空白试验的校正吸光度 A_b 应小于 0.003。超过该值时应检查实验用水、试剂（主要是氢氧化钠和过硫酸钾）纯度、器皿和高压蒸汽灭菌器的污染状况。

（3）碱性过硫酸钾的配制时应注意：首先，两种试剂的纯度要符合要求；其次，过硫酸钾的溶解速度非常慢，采用水浴加热法，可以加快溶解速度。但必须注意：水浴温度一定要低于 60℃，否则过硫酸钾会分解失去氧化能力，同时一定要待氢氧化钠溶液冷却至室温后，再将其与过硫酸钾溶液混合、定容。

（4）经过消解，过硫酸钾将水样中的氨氮、亚硝酸盐氮及大部分有机氮化合物氧化为硝酸盐，实验中最终检测的是 NO_3^-，其在紫外区的 220nm 波长处有吸收，而实际水样中常常含有用本方法难以消解的有机物,这些溶解性的有机物在此波长也有吸收,干扰测定,但在 275nm 波长处仅溶解性的有机物有吸收,NO_3^- 没有吸收,因此采用校正吸光度 $A=A_{220}-2A_{275}$ 的方法建立定量关系,但不同样品其干扰强度和特性不同,"$2A_{275}$"校正值仅是经验性的,样品消化完全时,A_{275} 值应接近于空白值。

(5)测定涉及两个波长(220nm 和 275nm),有条件的实验室可采用双波长紫外分光光度计,可同时获取两个波长下的吸光度值,方便、快速,可以避免反复调整波长产生测量误差,皿间误差也能自动修正。如果没有双波长的光度计,建议在测定完一组样品的同一波长后,再调整到另一波长,统一测定,不要测完一个样品在两个波长下的吸光度后再换另一个样品,这样反复调整波长会引起一定的测量误差。

(6)实验中测得的是溶解态和悬浮物中氮的总和,包括亚硝酸盐氮、硝酸盐氮、无机铵盐、溶解态氮及大部分有机含氮化合物中的氮。

(7)本方法适用于地表水、地下水、工业废水和生活污水中总氮的测定。当样品量为 10mL 时,本方法的检出限为 0.05 mg/L,测定上限为 4mg/L。

(8)当碘离子含量相对于总氮含量的 2.2 倍以上,溴离子含量相对于总氮含量的 3.4 倍以上对测定产生干扰。

(9)实验中六价铬离子和三价铁离子对测定产生干扰,可加入 5% 盐酸羟胺溶液 1～2mL 消除。

(10)湖泊的富营养化评价中,评价方法及评价指标的选择对于评价结果起着至关重要的作用。同一个湖泊,会因所选用的评价指标不同,得出的营养类型可能不同;相同的评价指标,也会因为所采用的评价方法不同而得出的结论不同。这种不统一的评价方式导致同一湖泊富营养化的评价结果存在差异,不同湖泊之间的评价结果缺乏可比性。

(11)中国环境监测总站推荐采用"综合营养状态指数法"来评价湖泊的富营养状态,具体方法附后。

七、思考与讨论

1. 简述碱性过硫酸钾消解紫外分光光度法测定总氮的原理。
2. 采取哪些措施可以有效消除干扰、降低空白值?
3. 为何要使用校正波长 A_r 建立吸光度-浓度曲线?
4. 你知道其他测定硝酸根(NO_3^-)的方法吗?

参考文献

[1] GB 11894—89. 水质总氮的测定碱性过硫酸钾消解紫外分光光度法[S].
[2] 王明翠,刘雪芹,张建辉. 湖泊富营养化评价方法及分级标准[J]. 中国环境监测,2002,18(5):47-49.
[3] 吕伟仙,葛滢,吴建之,等. 植物中硝态氮,氨态氮,总氮测定方法的比较研究[J]. 光谱学与光谱分析,2004,24(2):204-206.
[4] 吴志旭,陈林茜. 水中总氮测定有关问题的探讨[J]. 化学分析计量,2006,15(1):57-58.

附：

湖泊(水库)富营养化评价方法及分级技术规定
(中国环境监测总站,总站生字[2001]090号)

1. 湖泊(水库)富营养化状况评价方法——综合营养状态指数法

综合营养状态指数计算公式为

$$TLI(\sum) = \sum W_j \cdot TLI(j)$$

式中:TLI($\sum$)——综合营养状态指数;

W_j——第 j 种参数的营养状态指数的相关权重。

TLI(j)—代表第 j 种参数的营养状态指数。

以 chla 作为基准参数,则第 j 种参数的归一化的相关权重计算公式为

$$w_j = \frac{r_{ij}^2}{\sum\limits_{j=1}^{m} r_{ij}^2}$$

式中:

r_{ij}——第 j 种参数与基准参数 chla 的相关系数;

m——评价参数的个数。

中国湖泊(水库)的 chla 与其他参数之间的相关关系 r_{ij} 及 r_{ij}^2 见表 15-4。

表 15-4　　中国湖泊(水库)的 **chla** 与其他参数之间的相关关系 r_{ij} 及 r_{ij}^2 值[※]

参数	chla	TP	TN	SD	COD_{Mn}
r_{ij}	1	0.84	0.82	−0.83	0.83
r_{ij}^2	1	0.7056	0.6724	0.6889	0.6889

[※]:引自金相灿等著《中国湖泊环境》,表中 r_{ij} 来源于中国 26 个主要湖泊调查数据的计算结果。

营养状态指数计算公式为

(1)TLI(chla) = 10(2.5+1.086lnchla)

(2)TLI(TP) = 10(9.436+1.624lnTP)

(3)TLI(TN) = 10(5.453+1.694lnTN)

(4)TLI(SD) = 10(5.118−1.94lnSD)

(5)TLI(COD_{Mn}) = 10(0.109+2.661lnCOD_{Mn})

式中:叶绿素 a chl 的单位为 mg/m^3,透明度 SD 的单位为 m;其他指标的单位均为 mg/L。

2. 湖泊(水库)富营养化状况评价指标

叶绿素 a(chla)、总磷(TP)、总氮(TN)、透明度(SD)、高锰酸盐指数(COD_{Mn})

3. 湖泊(水库)营养状态分级

采用 0 ~ 100 的一系列连续数字对湖泊(水库)营养状态进行分级:

TLI ($\sum$) <30   贫营养(Oligotropher)

30 ≤ TLI ($\sum$) ≤50   中营养(Mesotropher)

TLI ($\sum$) >50   富营养(Eutropher)

50<TLI ($\sum$) ≤60   轻度富营养(light Eutropher)

60<TLI ($\sum$) ≤70   中度富营养(Middle Eutropher)

TLI ($\sum$) >70   重度富营养(Hyper Eutropher)

在同一营养状态下,指数值越高,其营养程度越重。

第十六章　天然水中硝酸根离子和亚硝酸根离子的光化学反应

　　硝酸盐和亚硝酸盐是两种重要的无机氮形态,广泛地存在于各种天然水体中。在没有人为干扰的情况下,天然水体中的硝酸盐和亚硝酸盐主要来源于水体中动植物残体的微生物分解,是水生浮游生物生长必需的营养元素,参与元素的生物地球化学循环,一般不会对水体环境产生破坏作用。然而,由于人类活动的影响,如农业生产中施用化肥、含氮工业排放废水、垃圾粪便流入、燃料燃烧排放的氮氧化物随降水沉降等,造成水体中硝酸盐和亚硝酸盐积累,成为污染物。

　　天然水体中硝酸盐和亚硝酸盐化学性质稳定,但研究表明,它们都具有光化学活性,在太阳辐射下,硝酸根和亚硝酸根可吸收光子活化,生成活性物种,诱发水体中多种化学反应,如氧化、硝化、亚硝化反应等。因此,硝酸盐和亚硝酸盐的光化学反应对于多种元素在水体中的生物地球化学循环发挥着一定的作用,可以影响化学污染物在水环境中的迁移、转化及其生态效应。例如,硝酸根和亚硝酸根的光解(photolysis)反应是水体中羟基自由基($\cdot$OH)等活性物种的重要来源,而羟基自由基是强氧化性物种,可以极大地促进水体中有机物的氧化降解,在含有硝酸盐/亚硝酸盐的水溶液中,农药莠去津等的光解速率均比其直接光解速率高。光解产生的氮氧化物中间体可与水中的芳香族化合物形成硝基、亚硝基衍生物,是天然水体中有机污染物的硝化和亚硝化反应的重要途径。

　　硝酸盐/亚硝酸盐光解产生的自由基对天然水体的自净作用对于废水处理有很好的启示作用。高级氧化(AOTs)是去除废水中有害有机污染物的重要技术,该技术的核心是产生高活性的自由基,例如能够在初始阶段与有机污染物作用的羟基自由基($\cdot$OH)等,引发一系列降解的氧化反应,最终将有机物矿化为二氧化碳和水。通常情况下,许多常见的高级氧化技术设备利用 H_2O_2 光解来产生 $\cdot$OH。但用此反应有个限制性因素,即 H_2O_2 在 $200\sim300nm$ 范围内摩尔吸光系数较差。硝酸根离子和亚硝酸根离子则分别在 205nm 和 200nm 有强烈的吸收,有研究人员建议硝酸盐/亚硝酸盐光解可以作为高级氧化技术中$\cdot$OH 的制备过程。

　　本实验对硝酸盐/亚硝酸盐光解产生羟基自由基中间体进行测定。

一、目的与要求

(1)了解并掌握硝酸盐/亚硝酸盐光化学反应的机理。

(2)学习并掌握羟基自由基测定的原理与方法。

(3)了解天然水中硝酸盐/亚硝酸盐光化学反应的意义。

二、基本原理

硝酸根和亚硝酸根可以吸收波长 300~400nm 范围的光子，这与能够达到地面的太阳光谱重叠，意味着在自然环境条件下可以引发光解反应，因而引起人们的关注。

水体中硝酸根的光解机制较为复杂，还没有定论。有研究认为，在不存在·OH清除剂的情况下，波长大于 200nm 光子辐照导致硝酸根光解的总反应为

$$NO_3^- \xrightarrow{h\nu} NO_2^- + \frac{1}{2}O_2 \tag{16-1}$$

同位素示踪研究结果表明，产生的氧气分子中两个氧原子均来源于 NO_3^-。

在波长大于 280nm 的光辐照下，会产生反应(16-3)和(16-4)两种主要光解途径：

$$NO_3^- \xrightarrow{h\nu} [NO_3^-]^* \tag{16-2}$$

$$[NO_3^-]^* \longrightarrow NO_2^- + O(^3P) \tag{16-3}$$

$$[NO_3^-]^* \longrightarrow NO_2^- + O^{\dot{-}} \xrightarrow{H_2O} NO_2 \cdot + \cdot OH + OH^- \tag{16-4}$$

在 305nm 光辐照下，$O(^3P)$ 和·OH量子产率分别约为 0.1% 和 0.9%。

在波长小于 280nm 光辐照下，另一个重要的反应过程是 $[NO_3^-]^*$ 异构化生成过氧亚硝酸根阴离子：

$$[NO_3^-]^* \longrightarrow ONOO^- \Longleftrightarrow HOONO \qquad pK_a = 6.5 \tag{16-5}$$

在去离子水中，过氧亚硝酸也可以由反应(16-4)生成的自由基复合生成：

$$\cdot OH + NO_2 \cdot \longrightarrow HOONO \qquad k_6 = 1.3 \times 10^9 \ M^{-1}s^{-1} \tag{16-6}$$

但在天然水体中，存在的·OH清除剂会以更高的速率与·OH反应，因此反应(16-6)发生的几率较低。

在 pH<7 的条件下，过氧亚硝酸会迅速异构化，生成 NO_3^-：

$$HOONO \longrightarrow NO_3^- + H^+ \tag{16-7}$$

但在 pH 7~12 之间，过氧亚硝酸根相对稳定，反应(16-7)的速率常数会显著降低。反应(16-7)存在较大争议。有研究人员指出，过氧亚硝酸还可能发生均裂反应(16-8)，生成·OH，且·OH产率为 32%。

$$HOONO \longrightarrow \cdot OH + NO_2 \cdot \tag{16-8}$$

亚硝酸根在 200~400nm 范围内的光解反应为

$$NO_2^- \xrightarrow{h\nu} [NO_2^-]^* \tag{16-9}$$

$$[NO_2^-]^* \longrightarrow NO \cdot + O^{\dot{-}} \tag{16-10}$$

pH<12 时，$O^{\dot{-}}$ 质子化生成·OH：

$$O^{\dot{-}} + H_2O \Longleftrightarrow \cdot OH + OH^- \tag{16-11}$$

·OH能与 NO· 发生复合反应(16-12)，或者与 NO_2^- 发生反应(16-13)：

$$\cdot OH + NO \cdot \longrightarrow HNO_2 \tag{16-12}$$

$$\cdot OH + NO_2^- \longrightarrow NO_2 \cdot + OH^- \tag{16-13}$$

反应(16-12)和(16-13)极大地限制了体系中·OH的稳态浓度。

在水相中，NO·与NO·之间、NO$_2$·与NO$_2$·之间以及NO$_2$·与NO·之间还会发生反应生成氮氧化物，氮氧化物与水反应会再次生成硝酸根和亚硝酸根。

综上所述，在硝酸盐和亚硝酸盐的光解反应中，自由基是常见的中间产物。其中，羟基自由基在水体有机物的氧化过程中发挥着重要的作用，因而相关研究得到了科研人员的高度重视。

羟基自由基是一种氧化能力很强的自由基，在已知的氧化剂中，·OH氧化还原电位为2.80 eV，仅次于氟（2.87 eV）。由于·OH的反应活性大、寿命短、存在浓度低，给有关的研究造成一定难度。目前，大多是通过间接的方法测定羟基自由基，即采用·OH捕获剂作为探针与其发生特异性反应，生成相对稳定的化合物，再通过理化手段对新生成的化合物进行测定，从而推断自由基的浓度、表观生成速率等数据。常用的理化分析方法包括电子自旋共振法（ESR）、高效液相色谱法（HPLC）、分光光度法、化学发光法、荧光法等。

电子自旋共振法是利用捕获剂与短寿命自由基结合，转变为相对稳定的自旋加合物，然后进行电子自旋共振（ESR）测定，根据ESR谱图来推断自由基结构与数量等信息。常用的自旋捕捉剂主要有5,5-二甲基1-吡咯啉N-氧化物（DMPO）、2-甲基2-硝基丙烷（MNP）和苯基叔丁基氮氧化合物（PBN）等。但相关仪器价格昂贵、操作复杂，在实际应用中受到很大限制。

高效液相色谱（HPLC）法是利用捕获剂将自由基捕获后，生成稳定产物，用高效液相色谱对该产物进行分离和分析，进而推断相关自由基的信息。所用的羟基捕获剂一般有安息香酸（BA）、水杨酸（SA）和二甲基亚砜（DMSO）、苯丙氨酸（Phe）等。

分光光度法是用捕获剂探针分子与自由基反应，生成在紫外-可见光范围能产生特征吸收的稳定产物，再用分光光度计对产物进行测定，进而获取相关的自由基信息。常用的探针化合物有亚甲蓝（MB）、二甲基亚砜（DMSO）、溴邻苯三酚红（BPR）、Fe^{2+}-菲咯啉络合物（Fe(phen)$_3^{2+}$）和水杨酸（SA）等。分光光度法仪器简单，在因条件限制难以采用ESR、HPLC等测试手段的情况下，分光光度法是简便实用的方法。

化学发光法和荧光法则是利用自由基-捕获剂加合物的化学发光特性和荧光特性进行间接分析。

在所有的间接测定方法中，探针性捕获剂必须满足以下条件：自身不直接光解或光解率低、不淬灭三重态光敏剂、只选择性地与所要研究的对象自由基反应；与研究对象自由基反应的速率常数高、产物稳定且易于测定。

本实验中，为了测定水体中的亚硝酸/硝酸盐光解产生的羟基自由基，用水杨酸作为探针分子，与羟基自由基发生选择性羟基化反应生成2,3-二羟基苯甲酸，再用分光光度法测定水杨酸和水杨酸羟基化产物，进而验证体系中羟基自由基的存在，并根据硝酸盐/亚硝酸盐光化学反应引发的水杨酸浓度的变化计算羟基自由基的稳态浓度。为了方便测定，实验过程中所用的硝酸盐/亚硝酸的浓度高于一般的天然水体。文献报道表明，在没有硝酸盐/亚硝酸盐的情况下，水杨酸的光解率较低，因此本实验中忽略这部分光解反应。

三、仪器与试剂

（1）光化学反应仪（配中压汞灯作为光源）。

（2）分光光度计（配石英比色皿）。

（3）恒温水浴锅。

（4）10mL 具塞磨口试管（10 支）。

（5）5mL 试管（10 支）。

（6）100mL 石英烧杯（4 个）。

（7）100mL 棕色容量瓶（2 个）。

（8）50mL 棕色容量瓶（14 个）。

（9）0.020mol/L 亚硝酸钠使用液。

称取 0.3450g $NaNO_2$，溶于去离子水，并转移至 250mL 棕色容量瓶中，定容至刻度，临用前配制。

（10）0.300mol/L 硝酸钠使用液。

称取 6.3743g $NaNO_2$，溶于去离子水，并转移至 250mL 棕色容量瓶中，定容至刻度，临用前配制。

（11）0.5% 亚硝酸钠。

称取 20mg $NaNO_2$，溶于 4mL 去离子水，临用前配制。

（12）1mmol/L 水杨酸使用液。

称取 34.5 mg 水杨酸溶于去离子水，并转移至 250mL 棕色容量瓶中，临用前配制。

（13）6mol/L 盐酸。

取 25mL 浓盐酸于 50mL 容量瓶中，加去离子水至刻度线。

（14）乙醚（分析纯）。

（15）10% 三氯乙酸。

称取 0.3g 三氯乙酸，加入 2.7mL 去离子水。

（16）10% 钨酸钠。

称取 0.4g 钨酸钠，加入 3.6mL 去离子水。

（17）1mol/L 氢氧化钾溶液。

称取 0.2244g KOH，溶于 4mL 去离子水。

四、实验步骤

1. 硝酸钠溶液中水杨酸的光解

（1）标准曲线绘制。

分别取 0、1、2、3、4、5、6mL 水杨酸使用液置于 7 个 50mL 棕色试剂瓶中，各加入 25mL $NaNO_3$ 使用液，加去离子水至刻度线，得到 $NaNO_3$ 浓度为 0.15mol/L，水杨酸浓度分别为 0、0.02、0.04、0.06、0.08、0.10、0.12mmol/L 的标准溶液，在分光光度计上测定

304nm 处的吸光度，绘制标准曲线。

（2）水杨酸光解动力学。

取 10mL 水杨酸使用液和 50mL NaNO₃使用液置于 100mL 棕色容量瓶中，加去离子水至刻度线，摇匀后转入 100mL 石英烧杯，置于光化学反应仪中光照。反应体系中水杨酸的初始浓度为 0.1mmol/L，NaNO₃的浓度为 0.15mol/L。分别在 0、0.5、1、1.5、2、2.5、3、3.5、4h 取样，以 0.15mol/L 的 NaNO₃溶液为参比（可使用（1）配制的不含水杨酸的标准溶液），在分光光度计上测定于 304nm 处的吸光度，根据标准曲线计算水杨酸在不同时间的剩余浓度。

（3）水杨酸-羟基自由基加合产物测定。

如实验（2），在水杨酸光解过程中，分别在 0、1、2、3、4h 取样 5mL，置于 10mL 具塞试管，加入 1mL 6mol/L 盐酸酸化，再加入 4mL 乙醚，充分混匀后，静置 30min，分层后，吸取 3mL 上层乙醚，置于 40℃恒温水浴锅中，待乙醚蒸干，加入 0.15mL 10% 三氯乙酸、0.25mL 10% 钨酸钠、0.25mL 0.5% 亚硝酸钠，放置 5 min 后，加入 0.25mL 1mol/L 氢氧化钾，滴加去离子水至 4mL 处，混匀，用分光光度计在 510nm 处测定吸光度。

在本实验中，只测定加合产物 2，3-二羟基苯甲酸的吸光度，验证羟基自由基的存在，不对其进行定量。

2. 亚硝酸钠溶液中水杨酸的光解

（1）标准曲线绘制。

分别取 0、1、2、3、4、5、6mL 水杨酸使用液置于 7 个 50mL 棕色试剂瓶中，各加入 25mL NaNO₂使用液，加去离子水至刻度线，得到 NaNO₂浓度为 0.01mol/L，水杨酸浓度分别为 0、0.02、0.04、0.06、0.08、0.10、0.12mmol/L 的标准溶液，在分光光度计上测定 304nm 处的吸光度，绘制标准曲线。

（2）水杨酸光解动力学。

取 10mL 水杨酸使用液和 50mL NaNO₂使用液置于 100mL 棕色容量瓶中，加去离子水至刻度线，摇匀后转入 100mL 石英烧杯，置于光化学反应仪中光照。反应体系中水杨酸的初始浓度为 0.1mmol/L，NaNO₂的浓度为 0.01mol/L。分别在 0、0.5、1、1.5、2、2.5、3、3.5、4h 取样，以 0.01mol/L 的 NaNO₂溶液为参比（可使用 2.（1）配制的不含水杨酸的标准溶液），在分光光度计上测定于 304nm 处的吸光度，根据标准曲线计算水杨酸在不同时间的剩余浓度。

（3）水杨酸-羟基自由基加合产物测定。

实验方法同 1. 中的（3）。

3. 动力学数据处理

水杨酸与羟基自由基的反应符合二级动力学，速率常数 $k_B = 2.7 \times 10^{10}$ L·mol⁻¹·s⁻¹。在实验条件下，羟基自由基处于稳态，则反应表现为准一级反应，准一级反应速率常数 $k_e = k_B \times [OH]_{ss}$，$[OH]_{ss}$ 为羟基自由基的稳态浓度。

五、实验结果与数据处理

1. 硝酸钠溶液中水杨酸的光解

（1）绘制标准曲线。

将实验数据填入表 16-1。

表 16-1

水杨酸浓度（mmol/L）							
吸光度							

将标准曲线绘入表 16-2，同时填写标准曲线回归方程和相关系数。

表 16-2

标准曲线：	标准曲线回归方程：
	相关系数： $R=$

（2）水杨酸光解动力学

将实验数据填入表 16-3。

表 16-3

时间 $t(s)$							
吸光度							
水杨酸浓度[SA]（mmol/L）							
$\ln([SA]_0/[SA])$							

以 $\ln([SA]_0/[SA])$ 对时间 t 作图，得到准一级反应速率常数 k_e。

将 $\ln([SA]_0/[SA]) \sim t$ 图绘入表 16-4，并填入回归方程 k_e、$[OH]_{ss}$。

表 16-4

$\ln([SA]_0/[SA]) \sim t$	回归方程：
	k_e
	$[OH]_{ss}$

（3）加合产物 2，3-二羟基苯甲酸的吸光度。

将实验数据填入表 16-5。

表 16-5

时间 t(s)					
吸光度					

2. 亚硝酸钠溶液中水杨酸的光解

（1）绘制标准曲线。

将实验数据填入表 16-6。

表 16-6

水杨酸浓度(mmol/L)					
吸光度					

将标准曲线绘入表 16-7，并填入回归方程和相关系数。

表 16-7

标准曲线：	标准曲线回归方程：
	相关系数： $R=$

（2）水杨酸光解动力学。

将实验数据填入表 16-8。

表 16-8

时间 t(s)						
吸光度						
水杨酸浓度[SA](mmol/L)						
$\ln([SA]_0/[SA])$						

以 $\ln([SA]_0/[SA])$ 对时间 t 作图，得到准一级反应速率常数 k_e。

将 $\ln([SA]_0/[SA]) \sim t$ 图绘入表 16-9，并填入回归方程、k_e 及 $[OH]_{ss}$。

表 16-9

ln([SA]$_0$/[SA]) ~ t	回归方程：
	k_e
	[OH]$_{ss}$

（3）加合产物 2，3-二羟基苯甲酸的吸光度。

将实验数据填入表 16-10。

表 16-10

时间 t(s)					
吸光度					

六、分析与讨论

1. 自由基捕获探针必须满足哪些条件？
2. 动力学实验过程中，加合产物吸光度有何变化？说明了什么？
3. 推导体系中羟基自由基稳态浓度的计算公式。
4. 硝酸盐/亚硝酸盐光解反应有何环境意义？

参考文献

[1] 杨曦，孔令仁，王连生. 水环境中 OH 自由基的分子探针法测定[J]. 环境化学，2003，22(5)：490-492.

[2] 丁立，陈双全. 几种光化学体系中自由基的产生和测定[J]. 上海环境科学，1999，18(10)：475-477.

[3] 贾之慎，邬建敏，唐孟成. 比色法测定 Fenton 反应产生的羟自由基[J]. 生物化学与生物物理进展，1996，23(2)：184-186.

[4] Mack J, Bolton J R. Photochemistry of nitrite and nitrate in aqueous solution: a review[J]. Journal of Photochemistry and Photobiology A: Chemistry, 1999, 128(1): 1-13.

[5] Zafiriou O C, True M B. Nitrate photolysis in seawater by sunlight[J]. Marine Chemistry, 1979, 8(1): 33-42.

[6] Torrents A, Anderson B G, Bilboulian S, et al. Atrazine photolysis: mechanistic investigations of direct and nitrate-mediated hydroxy radical processes and the influence of dissolved organic carbon from the Chesapeake Bay [J]. Environmental science & technology, 1997, 31(5): 1476-1482.

[7] Stumm W, Morgen J J. Acquatic Chemistry(3rd Edn1)[M]. New York, John Willey & Sons, 1996.

[8] Strickler S J, Kasha M. Solvent effects on the electronic absorption spectrum of nitrite ion [J]. Journal of the American Chemical Society, 1963, 85(19): 2899-2901.

[9] Buxton G V, Greenstock C L, Helman W P, et al. Critical review of rate constants for reactions of hydrated electrons, hydrogen atoms and hydroxyl radicals [J]. Journal of Physical and Chemical Reference Data, 1988, 17: 513-886.

[10] Blough N V, Zepp R G. Active oxygen in chemistry[M]. Chapman and Hall, Springer Netherlands, 1996: 280-333.

[11] Warneck P, Wurzinger C. Product quantum yields for the 305-nm photodecomposition of nitrate in aqueous solution [J]. The Journal of Physical Chemistry, 1988, 92(22): 6278-6283.

[12] Barat F, Gilles L, Hickel B, et al. Flash photolysis of the nitrate ion in aqueous solution: excitation at 200nm [J]. Journal of the Chemical Society A: Inorganic, Physical, Theoretical, 1970: 1982-1986.

[13] Mark G, Korth H G, Schuchmann H P, et al. The photochemistry of aqueous nitrate ion revisited[J]. Journal of Photochemistry and Photobiology A: Chemistry, 1996, 101(2): 89-103.

[14] Lymar S V, Hurst J K. CO_2-catalyzed one-electron oxidations by peroxynitrite: properties of the reactive intermediate[J]. Inorganic Chemistry, 1998, 37(2): 294-301.

第十七章　土壤阳离子交换量的测定

　　土壤是自然环境要素的重要组成之一，它是处在岩石圈最外面一层疏松的部分，具有支持植物和微生物生长繁殖的能力，它是由固-液-气-生物构成的多介质复杂体系、连接无机界和有机界的重要枢纽、物质和能量交换的重要场所，是一切生物赖以生存、农作物生长的重要基础，也是环境中污染物迁移、转化的重要场所。

　　土壤胶体表面有很大的比表面积，通常带负电荷，因而能够从介质中吸附阳离子。土壤矿物离子所吸附的阳离子被土壤溶液中其他阳离子置换的过程称为土壤的阳离子交换。常用阳离子交换容量（Cation Exchange Capacity，CEC）来表示土壤阳离子交换的能力，其定义为单位重量的土壤能以交换态保持总阳离子的量，单位为 cmol/kg。

　　土壤的阳离子交换性能，是由土壤胶体表面性质决定的。土壤胶体是土壤中黏土矿物和腐殖酸以及相互结合形成的复杂有机矿质复合体，其吸收的阳离子包括钾、钠、钙、镁、铵、氢、铝等。阳离子交换量常作为评价土壤保肥能力的指标，是土壤缓冲性能的主要来源，也是改良土壤和合理施肥以及土壤分类的重要依据，因此，作为反映土壤负电荷总量及表征土壤性质重要指标的阳离子交换量的测定是非常重要的。

　　土壤中离子的交换反应一般描述为

$$[土壤]A^+ + B^+ \longrightarrow [土壤]B^+ + A^+$$

　　反应过程是分五步进行的：①B^+离子通过水膜内溶液扩散到吸附剂的外表面；②B^+离子由吸附剂表面扩散到颗粒内表面；③B^+离子与交换点上的 A^+离子进行交换；④被代换的 A^+离子从颗粒内部扩散到颗粒表面；⑤A^+离子由颗粒表面扩散到溶液中。实际上这几步不是截然分开的，一般第③步并非整个交换反应的限制步，而离子通过表面薄膜（膜扩散）即第①和⑤步与颗粒内部（颗粒扩散）即第②和④步，则需要一定时间，在一般情况下，当盐的浓度较低时，膜扩散是离子交换反应的控制步；浓度高时，颗粒扩散是控制步。

　　阳离子交换反应主要有以下特点：

　　(1)反应是可逆的或近似于可逆的。尽管土壤胶体对阳离子有着不同程度的吸附，但在适当的溶液条件下，即使是被土壤胶体吸附得很紧的离子，多数还是可以被代换出来。

　　(2)不同阳离子之间的交换反应是按等摩尔电荷的关系进行的。

　　(3)交换反应的几个阶段同时进行，反应进行得很快。在一般情况下，限制反应速率的因素往往是离子的扩散，包括离子从溶液向土壤胶体表面的扩散和离子从土壤胶体表面向溶液的扩散。

（4）质量作用定律支配离子交换反应，通过调节反应物和生成物浓度，可以控制反应进行的方向。

（5）化合价稀释效应：当价位数不同的离子间进行交换反应时，平衡溶液的稀释有利于胶体表面对高价离子的吸附。

（6）补偿阳离子的效应：当土壤中有对之具有更强的吸持的补偿阳离子存在时，可使一种阳离子对另一种阳离子的代换变得更加容易。

（7）阴离子效应：土壤胶体上吸附的交换性阳离子的陪伴阴离子，可以通过使交换反应朝着进一步完全的方向进行，从而影响着阳离子的交换反应。如果交换反应的最终产物是离解度更弱的物质、溶解度小的物质或者易挥发的物质，则交换反应进行得更为完全。

影响土壤阳离子交换的主要因素有：

（1）土壤胶体类型，不同类型的土壤胶体其阳离子交换量差异较大，一般地：有机胶体>蒙脱石>水化云母>高岭石>含水氧化铁、铝。

（2）土壤质地越细，其阳离子交换量越高。

（3）土壤黏土矿物的 SiO_2/R_2O_3 比率越高，其交换量就越大。

（4）土壤溶液 pH 值，因为土壤胶体微粒表面的羟基（OH）的解离受介质 pH 值的影响，当介质 pH 值降低时，土壤胶体微粒表面所负电荷也减少，其阳离子交换量也降低；反之就增大。

（5）阳离子的电荷数越高，交换能力越强，$M^{3+}>M^{2+}>M^+$。

（6）同价阳离子，离子半径越大，水化离子半径越小，单位体积的电荷密度越大因而具有较强的交换能力。土壤中一些常见阳离子的交换能力顺序如下：$Fe^{3+}>Al^{3+}\approx H^+>Ba^{2+}\approx Sr^{2+}>Ca^{2+}>Mg^{2+}\approx Cs^+>Rb^+>NH_4^+>K^+>Na^+\approx Li^+$（$H^+$ 是一个特例）。

目前，常用测定土壤阳离子交换量的方法有乙酸铵交换法（适于酸性和中性土壤）、氯化铵-乙酸铵交换法（用于石灰性土壤和盐碱土壤）、氯化钡-硫酸交换法、乙酸钠-火焰光度法、同位素示踪法等。本实验介绍其中两种常用的方法。

第一节　氯化钡-硫酸交换法

一、目的与要求

（1）理解土壤阳离子交换量的概念及影响因素。

（2）掌握氯化钡-硫酸交换法测定土壤阳离子交换量的方法。

（3）通过测定表层和深层土的阳离子交换量，了解不同土阳离子交换量的差别。

二、基本原理

用过量的 $BaCl_2$ 溶液与土壤发生反应，使吸附在土壤表面的阳离子被定量地交换下来，交换终点为钡离子饱和。用蒸馏水洗去多余的钡离子，然后用一定量的 0.1mol/L 硫酸溶液与土壤作用，使交换性钡离子被氢离子置换，并与溶液中的 SO_4^{2-} 形成 $BaSO_4$ 沉淀，使交换反应趋于完全，溶液中氢离子浓度的降低量与交换性钡的量或 CEC 量成定量关系。因此，通过测定 H_2SO_4 中氢离子的浓度变化（酸碱滴定），即可计算出土壤的阳离子交换量。（此方法中的钡离子为指示阳离子）

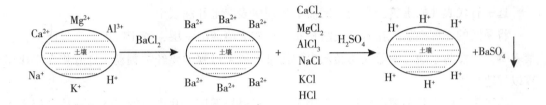

三、实验仪器与试剂

（1）电子天平、台秤。

（2）离心机。

（3）塑料离心管 50mL。

（4）锥形瓶 100mL。

（5）量筒 25mL。

（6）移液管 10、25mL。

（7）四氟滴定管 25mL。

（8）试管 18×18。

（9）0.1mol/L 氢氧化钠标准溶液：称取 4g NaOH(A.R)固体，溶解于 1L 煮沸后冷却的蒸馏水中，转入塑料试剂瓶中保存，临用前按下面的方法标定：

在分析天平上准确称取邻苯二甲酸氢钾（预先在烘箱中 105～110℃烘干）0.3～0.4g，置于 150mL 锥形瓶中，加 25mL 煮沸后冷却的蒸馏水溶解（如没有完全溶解，可稍微加热）。冷却后滴加 2 滴酚酞指示剂，用待标定的氢氧化钠溶液滴定至溶液由无色变为微红色且 30 s 不消失即为终点。记下氢氧化钠溶液消耗的体积，再用煮沸后冷却的蒸馏水做一个空白试验，并从滴定邻苯二甲酸氢钾的氢氧化钠溶液的体积中扣除空白值。

计算公式如下：

$$c_{NaOH}(mol/L) = \frac{W \times 1000}{(V_1 - V_0) \times 204.23} \tag{17-1}$$

式中：W——邻苯二甲酸氢钾的重量，g；

V_1——滴定邻苯二甲酸氢钾消耗的氢氧化钠体积，mL；

V_0——滴定空白溶液消耗的氢氧化钠体积，mL；

204.23——邻苯二甲酸氢钾的摩尔质量，g/mol；

(10)1.0mol/L 氯化钡溶液：称取 60g 氯化钡(BaCl$_2$ · 2H$_2$O，A. R)于烧杯中，加蒸馏水至 500mL，转入试剂瓶中保存。

(11)1% 酚酞指示剂：称取 0.1g 酚酞溶于 100mL 95% 的乙醇中。

(12)0.1mol/L 硫酸溶液：将 5.36mL 浓硫酸沿烧杯壁缓慢加入 1000mL 蒸馏水中，边加边搅拌，冷后转入试剂瓶中保存。

(13)土壤样品。

选一有代表性的土壤，在同一剖面上分别取表层土和深层土。

将采回的土壤样品放在木盘或塑料布上，摊成薄薄的一层，置于室内通风处阴干，严禁暴晒并注意防止酸、碱等气体及灰尘的污染，风干过程中要经常翻动土样并将大土块捏碎以加速干燥。

将风干后的样品平铺在制样板上用木棍或塑料棍碾压，并将植物残体、石块等侵入体和新生体剔除干净，细小已断的植物须根可采用静电吸附的方法清除。将压碎的土样通过 0.5/0.25mm 孔径筛后，充分混匀装入样品瓶中备用。

四、实验步骤

(1)取 4 个洗净烘干且重量相近的 50mL 塑料离心管，在天平上称出重量 W(g)(称准至 0.005g，以下同)。往其中两个各加入 1g 左右表层土样品。另外两个加入 1g 左右深层土样品，做好相应记号。

(2)向各管加入 20mL 氯化钡溶液，用玻璃棒搅拌 4min，使其反应充分，再用少量蒸馏水将玻璃棒上的样品洗入离心管中。在离心机上，以 3000 r/min 的转速离心 10min，至上层溶液澄清，下层土紧密结实为止，倒尽上层溶液。再向各管中加入 20mL 氯化钡溶液。重复上述步骤一次。完成离心后保留管内土层。

(3)向离心管内加 20mL 蒸馏水，用玻璃棒搅拌 1min，同上操作，再离心一次。倒尽上层清液后，用滤纸擦干离心管的外壁，在天平上称出整个离心管重量 G(g)。

(4)向离心管中加入 25.00mL 0.1mol/L 硫酸溶液，搅拌 10min 后放置 20min，到时离心沉降(此过程中不可再向离心管中加任何物质)。离心后，把清液分别转入干燥的大试管中，再从中移取 10.00mL 溶液到各锥形瓶内。

(5)向各锥形瓶中加入 10.00mL 蒸馏水和 1~2 滴酚酞指示剂，用标准 NaOH 溶液滴定至终点，记下各样品消耗的标准溶液的体积数 B(mL)。

空白试验：移取 10.00mL 0.1mol/L H$_2$SO$_4$ 溶液两份，同(5)操作，记下终点时消耗的标准 NaOH 溶液的体积数 A(mL)。

五、实验结果与数据处理

实验数据及计算结果填入表 17-1。

表 17-1

土　壤	表层土		深层土		A (mL)	1		
	1	2	1	2		2		
干土重(g)								
W(g)						平均		
G(g)								
m(g)								
B(mL)					氢氧化钠浓度 C			
交换量								
平均交换量								

表中：

W——离心管的重量；

G——交换后离心管+土样的重量(含水)；

m——加 H_2SO_4 前土壤的含水量 = G−W−干土量；

A——滴定 0.1mol/L 硫酸消耗 NaOH 的体积。

B——滴定土壤样品消耗 NaOH 的体积。

按下式计算土壤阳离子交换量：

$$交换量(cmol/kg) = \frac{\left(A\times2.5 - B\times\frac{25+m}{10}\right)\times c}{干土重}\times100 \tag{17-2}$$

式中：c——标准 NaOH 溶液的浓度。

六、注意事项

(1)实验过程中多次使用离心机，应注意在每次进行离心时使处于对称位置离心管的重量基本相同。

(2)部分表层土壤在经过硫酸交换后上清液呈淡黄色，导致滴定时变色点不易掌握，操作是应更加仔细。

(3)实验步骤(3)中"在天平上称出整个离心管重量 G(g)"时要注意，此时称出的是：离心管(W)+干土重+含水量(m)，因为 m 将引起硫酸浓度的变化，使滴定时消耗的氢氧化钠体积变化，因而需要在最后的计算中扣除。

七、分析与讨论

(1)CEC 的大小和土壤胶体的组成关系密切，由于土壤胶体是由有机的交换基和无机的交换基所构成，前者主要是腐殖酸，后者主要是黏土矿物。它们形成的有机-无机复合体所吸附的阳离子总量包括交换性盐基离子(包括 Ca^{2+}，Mg^{2+}，K^+，Na^+，NH_4^+ 等)和致酸离子(H^+ 和 Al^{3+})，两者的总和即为 CEC。其中腐殖质胶体具有很高的 CEC，从实验所分析的不同组成的土壤样品，可以证实这一点。

（2）土壤阳离子交换量的测定受多种因素的影响，不同质地的土壤（主要是酸碱性不同）适合的分析方法不同，应根据具体情况选用，不同方法对相同土壤样品测定得到的 CEC 值会有不同，因此在表述阳离子交换量数据时须注明测定方法。

第二节　中性乙酸铵交换法

一、目的与要求

（1）学习乙酸铵交换法的基本原理和适用范围。

（2）掌握乙酸铵交换法测定阳离子交换量的基本方法。

二、基本原理

用 1mol/L 乙酸铵溶液（pH 7.0）反复处理土壤，使土壤成为 NH_4^+ 饱和土。用乙醇洗去多余的乙酸铵后，用水将土壤洗入凯氏烧瓶中，加固体氧化镁蒸馏。蒸馏出的氨用硼酸溶液吸收，然后用盐酸标准溶液滴定。根据 NH_4^+ 的量计算阳离子交换量。本方法适用于酸性与中性土壤中阳离子交换的测定。

三、仪器与试剂

（1）电动离心机（转速 3000～4000 r/min）。

（2）离心管（10mL）。

（3）凯氏烧瓶（150mL）。

（4）1mol/L 乙酸铵溶液（pH 7.0）：称取 77.09g 乙酸铵（CH_3COONH_4，化学纯）用水溶解，稀释至近 1L。如 pH 不在 7.0，则用 1∶1 氨水或稀乙酸调节至 pH 7.0，然后稀释至 1L。

（5）乙醇溶液（95%，必须无 NH_4^+）。

（6）液体石蜡（化学纯）。

（7）甲基红-溴甲酚绿混合指示剂：称取 0.099g 溴甲酚绿和 0.066g 甲基红加入玛瑙研钵中，加少量 95% 乙醇，研磨至指示剂完全溶解为止，最后加 95% 乙醇至 100mL。

（8）20g/L 硼酸-指示剂溶液：称取 20g 硼酸（H_3BO_3）溶于 1L 水中。每升硼酸溶液中加入甲基红-溴甲酚绿混合指示剂 20mL，并用稀酸或稀碱调节至紫红色（葡萄酒色），此时该溶液的 pH 为 4.5。

（9）0.05mol/L 盐酸标准溶液：移取 4.5mL 浓盐酸于 1 L 水中并充分混匀，用硼砂标定其浓度，具体方法如下：

硼砂（$Na_2B_4O_7 \cdot 10H_2O$，分析纯）必须保存于相对湿度 60%～70% 的空气中，以确保硼砂含 $10 H_2O$，通常可在干燥器的底部放置氯化钠和蔗糖的饱和溶液（并有二者的固体存在），平衡一周。

准确称取 2.3825g 硼砂，溶于水中，定容至 250mL，得 0.05mol/L 硼砂标准溶液

$[c(1/2 \text{ Na}_2\text{B}_4\text{O}_7) = 0.05\text{mol/L}]$。移取上述溶液 25.00mL 于 250mL 锥形瓶中，加 2 滴溴甲酚绿-甲基红指示剂（或 2g/L 甲基红指示剂），用配好的 0.05mol/L 盐酸溶液滴定至溶液变酒红色为终点（甲基红的终点为由黄突变为微红色），记录消耗盐酸溶液的体积 V，同时做空白试验。盐酸标准溶液的浓度按式（17-3）计算，取三次标定结果的平均值。

$$c = c_2 \times \frac{V_2}{V - V_0} \tag{17-3}$$

式中：c——盐酸标准溶液的浓度，mol/L；

$\quad\quad V$——硼砂消耗盐酸标准溶液的体积，mL；

$\quad\quad V_0$——空白消耗盐酸标准溶液的体积，mL；

$\quad\quad c_2$——硼砂标准溶液的浓度，mol/L；

$\quad\quad V_2$——移取硼砂标准溶液的体积，mL。

（10）pH = 10 的缓冲溶液：称取 67.5g 氯化铵溶于无二氧化碳的水中，加入新开瓶的浓氨水（$p = 0.9\text{g/cm}^3$ 含氨 25%）570mL，用水稀释至 1L，储存于塑料瓶中，并注意防止吸入空气中的二氧化碳。

（11）K-B 指示剂：准确称取 0.5g 酸性铬蓝 K 和 1.0g 萘酚绿 B，与 100g 氯化钠（于 105℃烘干）一起研细磨匀，越细越好，储存于棕色瓶中。

（12）固体氧化镁：将氧化镁（化学纯）放于镍蒸发器内，在 500～600℃高温电炉中灼烧半小时，冷后储藏在密闭的玻璃器皿内。

（13）纳氏试剂：134g 氢氧化钾（KOH，分析纯）溶于 460mL 水中。另取 20g 碘化钾（KI，分析纯）溶于 50mL 水中，加入大约 32g 碘化汞（HgI_2，分析纯），使其溶解至饱和状态。然后将两溶液混合即成。

四、实验步骤

（1）称取通过 2mm 筛孔的风干土样 2.0g，质地较轻的土壤称 5.0g，放入 100mL 离心管中，沿离心管壁加入少量 1mol/L 乙酸铵溶液，用橡皮头玻璃棒搅拌土样，使其成为均匀的泥浆状态。再加 1mol/L 乙酸铵溶液至总体积约 60mL，并充分搅拌均匀，然后用 1mol/L 乙酸铵溶液洗净橡皮头玻璃棒，溶液收入离心管内。

（2）将离心管成对放在粗天平的两盘上，用乙酸铵溶液使之质量平衡。平衡好的离心管对称地放入离心机中，离心 3～5 min，转速 3000～4000 r/min，如不测定交换性盐基，离心后的清液即弃去，如需要测定交换性盐基时，每次离心后的清液收集在 250mL 容量瓶中，如此用 1mol/L 乙酸铵溶液处理 3～5 次，直到最后浸出液中无钙离子为止。最后用 1mol/L 乙酸铵溶液定容，用于测定交换性盐基。

（3）往离心管中加入少量 95% 乙醇，用橡皮头玻璃棒搅拌土样，使其成为泥浆状态，再加乙醇约 60mL，用橡皮头玻璃棒充分搅匀，以便洗去土粒表面多余的乙酸铵，切不可有小土团存在。然后将离心管成对放在粗天平的两盘上，用乙醇溶液使之质量平衡，并对称放入离心机中，离心 3～5 min，转速 3000～4000 r/min，弃去乙醇溶液。如此反复用乙醇洗 3～4 次，直至最后一次乙醇溶液中无铵离子为止，用甲基红-溴甲酚绿混合指示剂检查铵离子。

（4）洗净多余的铵离子，用水冲洗离心管的外壁，往离心管内加少量水，并搅拌成糊状，用水把泥浆洗入 150mL 凯氏烧瓶中，并用橡皮头玻璃棒擦洗离心管的内壁，使全部土样转入凯氏烧瓶内，洗入水的体积应控制在 50～80mL，蒸馏前往凯氏烧瓶内加 2mL 液状石蜡和 1g 氧化镁，立即把凯氏烧瓶装在蒸馏装置上。

(5)将盛有 25mL 20g/L 硼酸指示剂吸收液的锥形瓶(250mL)用缓冲管连接在冷凝管的下端。打开螺丝夹(蒸汽发生器内的水要先加热至沸)，通入蒸汽，随后摇动凯氏烧瓶内的溶液使其混合均匀。打开凯氏烧瓶下的电炉，接通冷凝系统的流水。用螺丝夹调节蒸汽流速度，使其一致，蒸馏约 20min，馏出液约达 80mL 以后，用甲基红-溴甲酚绿混合指示剂(或纳氏试剂)检查蒸馏是否完全。检查方法：取下缓冲管，在冷凝管下端取几滴馏出液于白瓷比色板的凹孔中，立即往馏出液内加 1 滴甲基红-溴甲酚绿混合指示剂。若呈紫红色，则表示氨已蒸完；若呈蓝色，需继续蒸馏(如加一滴纳氏试剂，无黄色反应，即表示蒸馏完全)。

(6)将缓冲管连同锥形瓶内的吸收液一同取下，用水冲洗缓冲管的内外壁(洗入锥形瓶内)，然后用盐酸标准溶液滴定。同时做空白试验。实验装置如图 17-1 所示。

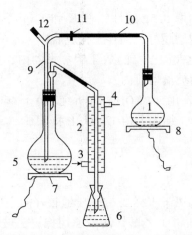

1—蒸气发生器 2—冷凝系统 3—冷凝水进口 4—冷凝水出口 5—凯氏烧瓶
6—吸收瓶 7、8—电炉 9—Y 形管 10—橡皮管 11—螺丝夹 12—弹簧夹

图 17-1 蒸馏装置示意图

五、实验结果与数据处理

1. 盐酸的标定

将实验数据填入表 17-2。

表 17-2

消耗盐酸的体积(mL)				
V_0	V_1	V_2	V_3	$V_{平均}$

2. 离子交换数据记录

将实验数据及计算结果填入表 17-3。

表 17-3

土　壤	表层土		深层土		V_0（mL）	1	
	1	2	1	2			
干土重 m（g）						2	
V（mL）							
交换量（c mol/kg）					c 盐酸浓度（mol/L）		
平均交换量（c mol/kg）							

$$CEC = \frac{c \times V \times 10^{-1}}{m} \times 1000 \qquad (17\text{-}4)$$

式中：CEC——阳离子交换量，cmol/kg；

　　　c——盐酸标准溶液的浓度，mol/L；

　　　V——样品消耗盐酸标准溶液的体积，mL；

　　　V_0——空白消耗盐酸标准溶液的体积，mL；

　　　m——土样质量，g；

　　　10——将 mmol 换算成 cmol 的倍数。

六、注意事项

（1）实验步骤（2）中一定要使钙离子完全洗出，检查钙离子的方法。取最后一次乙酸铵浸出液 5mL 放在试管中，加 pH＝10 缓冲液 1mL，加少许 K-B 指示剂。若溶液呈蓝色，表示无钙离子；若呈紫红色，表示有钙离子，还要用乙酸铵继续浸提。

（2）在蒸馏过程中要注意防止溶液的倒吸，在蒸馏结束前应使馏出液管出口离开吸收液的液面，继续蒸片刻，使管中的吸收液全部洗入锥形瓶中，松开弹簧夹 12。移开锥形瓶后，再停止加热，切不可先停止加热，否则吸收液将发生倒吸。

（3）硼酸吸收液的温度不应超过 40℃，否则氨吸收减弱，造成损失，必要时可置于冷水浴中。

七、分析与讨论

（1）乙酸铵交换法测定土壤交换量的优点：乙酸铵与盐基不饱和土壤作用时，释放出来的是弱酸，不致破坏土壤吸收复合体；乙酸铵的缓冲性强，先后交换出来的溶液的 pH 值几乎不变；若需测定溶液中的交换性阳离子组成时，多余的乙酸铵也容易被灼烧分解，因此此法目前国内外均普遍应用。

（2）乙酸铵交换法的缺点：若土壤中的某些黏土矿物（蛭石或黑云母等）吸附铵离子的

能力特别强，很难被蒸馏出来。此外乙酸铵能与部分腐殖质形成溶胶而被淋洗，使测定结果偏低；但对某些富含铁、铝的土壤，又因土壤胶体吸附过量的铵离子，不易被乙醇洗去，使测定结果略偏高。

八、思考

1. 什么叫土壤的阳离子交换量？其产生的原因是什么？

2. 从实验结果看，两种土壤阳离子交换量有无差别？为什么？

3. 本实验中的误差主要有哪些？

4. 试述土壤的离子交换和吸附作用对污染物迁移转化的影响。

5. 比较氯化钡-硫酸交换法和乙酸铵交换法的区别。

6. 除了实验中所用的方法外，还有哪些方法可以用来测定土壤阳离子交换容量？各有什么优缺点？

参考文献

[1] 褚龙，贺斌. 土壤阳离子交换量的测定[J]. 黑龙江环境通报，2009，3：81-83.

[2] 张琪，方海兰，黄懿珍，等. 土壤阳离子交换量在上海城市土壤质量评价中的应用[J]. 土壤，2005，37(6)：679-682.

[3] USEPA. Soil Sampling Quality Assurance User's Guide[R]. EPA，60018-89/046. 1989.

[4] British Standards Institution. Code of Practice for the identification of potentially contaminated land and its investigation[R]. DD175：1998

[5] Theng B K. The humus and extradited by various reagents from a soil[J]. Soil SCI，1967，8：349-363.

[6] Aado C L，Dicls J，Vanlauwe B. A comparison of the contributions of clay silt and organic matter to the effective CEC of soils of sub-Saharan[J]. Africa Soil SCI，1997，162：785-794.

[7] Xu M G，Zhang J X，Zhang H. Influence factors of cation exchange capacity in black and yello-brown soil[J]. Canadian Journal of Soil Science，1991，22(3)：108-110.

[8] Zhang MK，Zhu Z X. Influence of powder particle for cation exchange capacity[J]. Soils & Fertil，1993，4：41-43.

[9] LY/T 1243—1999. 森林土壤阳离子交换量的测定[S].

[10] 张彦雄，李丹，张佐玉，等. 两种土壤阳离子交换量测定方法的比较[J]. 贵州林业科技，2010，38(2)：45-49.

[11] 中国科学院南京土壤研究所. 土壤理化分析[M]. 上海：上海科学出版社，1978，174.

[12] 陈怀满. 环境土壤学[M]. 北京：科学出版社，2010.

第十八章　重金属在土壤颗粒物表面的吸附

气体或液体在固体表面上相对聚集的现象，称为气体或液体在固体表面的吸附。吸附气体或液体的固体叫做吸附剂，被吸附的气体或液体叫做吸附质，土壤就是一种十分常见的吸附剂。

土壤具有吸附能力是因为土壤固体表面存在着表面自由能。固相内部的分子在各个方向都受到同等的力，而表面的分子受到不平衡的力，对邻近或碰到固体表面的气体、液体分子产生吸引力，使它们在固体表面发生相对地聚集，从而降低土壤的表面自由能。在吸附过程中，一方面吸附质在固相表面吸附；另一方面吸附质从固相表面解吸，在一定的温度和吸附质浓度下，吸附的速率与解吸的速率相等，吸附就处于平衡状态。这时，单位重量固体所能吸附的吸附质的量，称作土壤吸附量。

通常将吸附分成两种类型：一种是吸附剂和吸附质以分子间范德华力被吸附，称为物理吸附；另一种是物质在吸附过程中，发生电子转移、原子重排、化学键破坏或形成，称为化学吸附。在实际吸附过程中化学吸附与物理吸附往往相伴或者交替发生，很难截然区分开。

影响吸附的因素有：土壤表面电荷特征、土壤物理化学特征(阳离子交换容量、比表面积、无定性氧化物、碳酸盐含量和黏土含量)、pH 值、背景电解质、溶解性有机物、其他重金属的竞争吸附、温度等。

土壤是生态系统的核心介质，也是各种污染物的源和汇。土壤本身含有一定量的重金属元素，其中，很多是作物生长所需要的微量元素。当大量的重金属随工业废水、化肥、农药、污泥及大气降尘进入环境后，其浓度超过作物的需要和可忍受程度，造成对作物以及人畜危害时，则称土壤受到了重金属污染。重金属污染土壤之后，迁移缓慢且主要残留在土壤表层。由于它不能被土壤中的微生物降解，而且能被土壤胶体所吸附，被微生物、植物所富集，有时甚至能转化为毒性更强的物质，同时还可以通过食物链或污染水源而影响动物生长发育和人类健康。因此，土壤一旦被重金属污染，就很难彻底消除。

铜是植物所必需的微量营养元素，是植物多种氧化酶的组成成分，土壤中铜的含量一般为 $2 \sim 100 mg/kg$，平均为 $20 mg/kg$。当土壤中铜浓度超过一定浓度后会降低农作物产量，改变土壤微生物区系，加速铜在生物体内的累积。土壤的铜污染主要来自于铜矿开采、冶炼过程及城市污水和含铜农药。进入土壤中的铜会被土壤中的矿物微粒和有机质所吸附，其吸附能力的大小将影响铜在土壤中的迁移转化。目前，国内外广泛开展铜在环境中的迁移、转化、生物有效性和修复等行为研究，而土壤对铜的吸附是影响铜的环境行为的关键过程，吸附很大程度上决定着土壤中铜的分布和富集，本实验以铜为例，介绍吸附研究的基本方法。

一、目的与要求

(1)结合理论课的学习巩固对吸附的有关认识。

(2)通过土壤对重金属的吸附实验，了解影响吸附作用的有关因素。

(3)通过实验验证 Freundlich 经验公式，了解土壤——溶液界面上的吸附作用机理。

二、实验原理

吸附是重金属元素在土壤中积累的一个主要过程，是一个溶质由液相转移到固相的物理化学过程，它是一个动态平衡过程，在固定的温度条件下，当吸附达到平衡时，土壤对重金属吸附量与溶液中重金属平衡浓度之间的关系，可用吸附等温方程来表达，等温方程在一定程度上，描述溶质的吸附量与溶液中该溶质浓度关系，反映了吸附剂与吸附质的特性；对于溶液中重金属离子的吸附，最常用的吸附等温方程为 Langmuir 方程和 Freundlich 方程。重金属元素在土壤中的吸附行为十分复杂，受许多因素的影响，本实验仅从土壤组成和溶液的 pH 值两方面来讨论土壤对铜的吸附，用 Freundlich 吸附等温方程进行描述。

Freundlich 吸附等温方程的一般形式为

$$Q = kc^{1/n}$$

式中：

Q——吸附量，mg/g；

c——被吸附物质的平衡浓度，mg/L；

k 和 n——经验常数，它们与温度、吸附剂性质和所吸附的物质有关。

将 Freundlich 吸附等温式两边取对数，可得

$$\lg Q = \lg k + 1/n \lg c$$

以 $\lg Q$ 对 $\lg c$ 作图可求得常数 k 和 n，将 k、n 代入 Freundlich 吸附等温式，便可确定该条件下的 Freundlich 吸附等温方程，由此可确定吸附量 Q 和平衡浓度 c 之间的函数关系。

三、仪器与试剂

(1)电子天平。

(2)恒温振荡器。

(3)原子吸收分光光度计。

(4)离心机。

(5)酸度计。

(6)100mL 塑料离心管。

(7)移液管、烧杯、容量瓶等。

(8)铜标准储备溶液(10.00mg/mL)：准确称取 0.5000g 金属铜(99.9%)，用 30mL 1∶1 的硝酸溶解，用二次水定容至 50mL。

(9)铜标准溶液(100mg/L)：移取 10.00mg/mL 的铜标准储备溶液 2.50mL 于 250mL 的容量瓶中，用二次水定容。

(10)氯化钙溶液(0.01mol/L)：称取 1.5gCaCl$_2$·2H$_2$O 溶于 1000mL 二次水中。

(11)1.0moL/L HCl 溶液。

(12)1.0moL/L NaOH 溶液。

(13)腐殖酸(生化试剂)。

(14)土壤样品。

1 号样品：采集的土壤样品风干后，研磨并过 100 目筛后备用；

2 号样品：将 1 号样品和腐殖酸按 10∶1 的比例研磨并充分混合，过 100 目筛后备用。

四、实验步骤

1. 不同初始浓度铜系列溶液的配制

取六个已编号的 250mL 烧杯，分别加入铜标准储备溶液(10.00mg/mL)0.00、0.50、1.00、2.00、3.00、4.00mL，加 0.01mol/L 氯化钙溶液至约 240mL，调节 pH 值为 2.5 后，将此溶液依次转入 250mL 的容量瓶中，用 0.01mol/L 氯化钙溶液定容。得到浓度梯度为 0.00、20.00、40.00*、80.00、120.00、160.00mg/L 的铜系列溶液。

同样方法配制 pH=5.5 的铜系列溶液。

2. 原子吸收标准曲线的绘制

分别取浓度为 100mg/L 的铜标准溶液 0.00、0.50、1.00、1.50、2.00、2.50mL 于 50mL 的容量瓶中，再加入 5.0mL 1 moL/L HCl 溶液，用二次水定容，其浓度为 0.00、1.00、2.00、3.00、4.00、5.00mg/L。在火焰原子吸收分光光度计上测定吸光度，用 Origin 进行数据处理，绘出标准曲线，并给出线性回归方程。

3. 土壤对铜的吸附平衡时间的测定

(1)分别称取 1、2 号土壤样品各 6 份，每份 0.25g(称准至 1mg)于 100mL 洗净干燥的塑料离心管中。

(2)向每份样品中各加入实验步骤 1 中配制的 pH=2.5 的 40.00mg/L 铜溶液 50.00mL。

(3)将上述样品置于振荡器上，在室温下进行振荡，分别在振荡 0.5、1.0、1.5、2.0、2.5、3.0h 后取出，立即以 3000r/min 的速度离心 10min，取清液 2.50mL 于 25mL 容量瓶中，加 2.5mL 1mol/L HCl 溶液，用二次水定容后，用原子吸收分光光度计测定，得到不同吸附时间下溶液中铜的浓度 c，以浓度对 c 吸附时间 t 作图，确定达到吸附平衡所需的时间。

(4)按(1)到(3)的步骤确定 pH=5.5 时的平衡时间。

4. 土壤对铜的吸附量的测定

(1)分别称取 1、2 号土壤样品各 12 份，每份 0.25g(称准至 1mg)于 100mL 洗净干燥的塑料离心管中。

(2)依次加入 50.00mL pH 值为 2.5 和 5.5、浓度梯度为 0.00、20.00、40.00、80.00、120.00、160.00mg/L 的铜溶液，将上述样品置于振荡器上，在室温下按预先确定的平衡时间振荡。

* 浓度为 40.00mg/L 的溶液配制量加倍，用于平衡时间测定。

（3）将离心管置于离心机上，以 3000r/min 的速度离心 10 分钟，取上清液，用原子吸收分光光度计测定吸附平衡后各试样的浓度 c。

（4）用 pH 计测定各离心管中剩余溶液的 pH 值。

五、实验结果与数据处理

1. 铜的标准曲线

（1）原子吸收分光光度法测定条件（根据所用仪器，按实际条件填写）。

将实验数据填入表 18-1。

表 18-1

元素	波长（nm）	狭缝（mm）	灯电流（mA）	燃烧器高度	火焰条件	
					空气	乙炔
Cu	324.8					

（2）标准曲线测定结果。

将实验数据填入表 18-2。

表 18-2

铜标准溶液(mg/L)	0.00	1.00	2.00	3.00	4.00	5.00
吸光度 A						

用 origin 进行数据处理，所得

线性回归方程为：_____；相关系数：_____。

2. 平衡时间的确定

将实验数据填入表 18-3。

表 18-3

pH 值	平衡时间(小时)	0.5	1.0	1.5	2.0	2.5	3.0
2.5	c_1(mg/L)						
	c_2(mg/L)						
5.5	c_1(mg/L)						
	c_2(mg/L)						

3. 吸附平衡结果与计算

（1）土壤对铜的吸附量计算。

$$Q = \frac{(c_0 - c) \times V}{1000 \times W}$$

式中：

Q——土壤对铜的吸附量，mg/g；

c_0——溶液中铜的起始浓度，mg/L；

c——溶液中铜的平衡浓度，mg/L；

V——溶液的体积，mL；

W——风干土样质量，g。

由此方程可计算出不同平衡浓度下土壤对铜的吸附量。

（2）建立土壤对铜的吸附等温线

以吸附量（Q）对浓度（c）作图即可获得室温下不同 pH 值条件下土壤对铜的吸附等温线。

（3）建立 Freundlich 方程

以 lg Q 对 lg c 作图，根据所得直线的斜率和截距可求的两个常数 k 和 n，由此可确定室温时不同 pH 值条件下不同土壤样品对铜吸附的 Freundlich 方程。

将 pH=2.5 时的实验数据及计算结果填入表 18-4。

表 18-4

	编　号	#1	#2	#3	#4	#5	#6	结果
1 号土壤	土壤重（g）							
	c_0（mg/L）							
	c（mg/L）							$n=$
	Q（mg/g）							$k=$
	lg c							
	lg Q							
2 号土壤	土壤重（g）							
	c_0（mg/L）							
	c（mg/L）							$n=$
	Q（mg/g）							$k=$
	lg c							
	lg Q							

将 pH=5.5 时的实验数据及计算结果填入表 18-5。

表 18-5

编　号		#1	#2	#3	#4	#5	#6	结果
1 号土壤	土壤重(g)							$n=$ $k=$
	c_0(mg/L)							
	c(mg/L)							
	Q(mg/g)							
	lg c							
	lg Q							
2 号土壤	土壤重(g)							$n=$ $k=$
	c_0(mg/L)							
	c(mg/L)							
	Q(mg/g)							
	lg c							
	lg Q							

六、注意事项

(1)实验中铜浓度的测定采用的是原子吸收分光光度法,请预先学习相关知识,并能熟悉相关仪器的操作。

(2)待测溶液中铜离子的浓度各不相同,若浓度不在原子吸收测定的线性范围内,则无法获得定量的结果,因而需要根据实际情况对样品进行不同程度的稀释以保证所测结果的可靠性。稀释倍数的确定应遵循以下原则:首先应使稀释后溶液的吸光度在标准曲线的吸光度范围内,且尽量在标准曲线的中段(有时可能需要多次尝试才能确定合适的稀释倍数);其次应控制溶液的酸度在 0.1mol/L 的 HCl 介质中(可以通过加入预先准备好的 1.0mol/L 的 HCl 来实现)。

(3)进行定量计算时,应先将稀释后所测样品吸光度,根据标准曲线换算成对应的浓度,再乘以稀释倍数,得到样品的原始浓度。

(4)实验得到的吸附量为表观吸附量,包括了铜在土壤表面上的吸附(静电作用、离子交换作用等)、配合(铜离子与土壤中无机配体如 OH^-,以及有机配体如腐殖质上的 —COOH,—OH 等配合)及沉淀(包括形成有机态、无机态的沉淀)。

七、分析及讨论

(1)离子吸附是指离子在土壤颗粒表面相对聚集的现象。根据电中性原理,在土壤进行的各种过程中产生电荷的同时,即有等摩尔的反离子被土壤颗粒吸附,离子吸附是指离子与土粒表面的关系而言的,在能量关系上表现为离子的吸附能(或离子的结合能);离子交换是指用另一种离子取代已被土壤颗粒吸附的离子时,两种离子的关系而言的,在能量关系上表现为离子的交换能，在这种取代过程中，同时发生了一种离子的吸附和另一种离子的解吸，所以离子吸附和离子交换是有区别的。

（2）已有的研究表明，土壤溶液中的离子强度对重金属的吸附有十分明显的影响，随着离子强度的增加，土壤胶体对铜的吸附量降低。通常认为离子强度可通过三条途径影响土壤对重金属离子的吸附：①由于生成离子对或者影响介质的 pH 值，使游离金属离子的活度发生变化；②支持电解质的阳离子与重金属离子发生竞争吸附；③使土壤吸附平面的静电电位发生变化。因此在研究重金属离子的吸附时，一般都采用平衡溶液中含有比重金属离子浓度高得多的支持电解质存在时所吸附的重金属量，作为样品对该重金属的吸附。实验中采用 0.01mol/L 的 $CaCl_2$ 作为支持电解质，是为了控制溶液的离子强度，使实验条件和实际土壤环境中的离子强度接近。由于铜离子的最大浓度远远小于支持电解质的浓度，避免了实验中随着铜离子浓度的增加引起溶液的离子强度也随之发生变化，因而不能真正反映出重金属浓度和吸附量之间的关系的现象。

（3）pH 值是影响土壤对重金属吸附的一个重要因子，土壤 pH 值的改变可导致土壤体系中物质组成和物理化学性质的改变，从而间接地影响了土壤对重金属离子的吸附，pH 值对重金属吸附的影响主要表现在：制约重金属的溶解度等许多重要的性质；影响固体颗粒物中自然胶体表面的吸附特征；控制固体颗粒物表面的各种反应。对大多数的土壤而言，随着 pH 值的升高，土壤对铜的吸附作用增强，这是由于此时土壤表面的负电荷增加，导致吸附位增加；另一方面，pH 值升高，金属离子 M^{2+} 在水溶液中发生水解，形成羟基离子：

$$Cu^{2+} + H_2O = CuOH^+ + H^+ \quad lg\ K_0 = -7.70$$

由此式可以计算出，在 pH 值为 3.0、5.0 和 7.0 时，$[CuOH^+]/[Cu^{2+}]$ 之比分别约为 1/50000、1/500 和 1/5。由此可见，溶液 pH 值越高，$CuOH^+$ 占的比例越大，羟基金属离子 $CuOH^+$ 比自由离子 Cu^{2+} 更易被土壤所吸附。

（4）在土壤吸附重金属离子的过程中伴随有质子的释放，使平衡液 pH 值下降。

（5）实验中人为加入一定量的腐殖质，以考察其对吸附的影响。腐殖质是动植物经过长期的物理、化学、生物作用而形成的一种复杂的天然大分子有机物。根据溶解性质可以把腐殖质分为 3 种类型：富里酸（既溶于酸又溶于碱）、胡敏酸（只溶于碱而不溶于酸）、腐黑物（在酸和碱中都不溶解）。腐殖质与其他大分子物质不同，没有完整的结构和固定的化学构型，可以看做在土壤、底泥等特殊环境中多种高分子有机物随机聚集形成的芳香多聚物，因此很多来源不同的腐殖质，在性质上总体是相似的。腐殖质分子在各个方向上带有很多活性基团，如苯羧基、酚羟基等，基团之间以氢键结合成网络，使得分子表面有许多孔，提供了良好的吸附表面，因而是良好的吸附载体，能够与许多金属离子发生相互作用，形成稳定的螯合物。

八、思考题

1. 影响土壤对重金属吸附的因素有哪些？
2. 从本实验得到的结果看，pH 值和不同土壤样品的吸附有何不同？
3. 分配系数（K_d）为单位质量土壤颗粒表面吸附的金属离子的量与平衡溶液中金属离

子浓度的比值，可用来描述土壤对金属离子吸附亲和力的大小，它和本实验测定的吸附量有何联系和区别？

参考文献

[1] 张磊，宋凤斌. 土壤吸附重金属的影响因素研究现状及展望[J]. 土壤通报，2005，36(4)：628-631.

[2] 杨亚提，张平. 离子强度对恒电荷土壤胶体吸附 Cu^{2+} 和 Pb^{2+} 的影响[J]. 环境化学化，2001，20(6)：565-570.

[3] 邹献中，徐建民，赵安珍. 离子强度和 pH 对可变电荷土壤与铜离子相互作用的影响[J]. 土壤学报，2003，40(6)：308-317.

[4] 余国营，吴燕玉. 土壤环境中重金属元素的相互作用及其对吸持特性的影响[J]. 环境化学，1997，16(1)：30-36.

[5] 龙新宪，杨肖娥，倪吾钟. 重金属污染土壤修复技术研究的现状与展望[J]. 应用生态学报，2002，13(6)：757-762.

[6] 王孝堂. 土壤酸度对重金属形态分配的影响[J]. 土壤学报，1991，28(1)：103-107.

[7] 韩春梅，王林山，巩宗强，等. 土壤中重金属形态分析及其环境学意义[J]. 生态学杂志，2005，24(12)：1499-1502.

[8] 李学恒. 土壤化学[M]. 北京：高等教育出版社，2001.

第十九章　沉积物中重金属形态的逐级提取

河流、湖泊和海洋底部广泛分布的沉积物是地球表层生态和地质环境系统中有机的组成部分，在那里不仅微生物活动十分活跃，而且生存着许多具有经济价值和在食物链中具有重要意义的生物。由于河、湖和海洋的沉积作用，水底沉积物成为地球表层系统藏污纳垢最重要的场所，一旦沉积物环境遭受了严重的污染，必然导致其生态环境的恶化，造成经济损失，甚至威胁人类的生存。此外，由于沉积物与上覆水体相互间频繁的交换作用，被污染的沉积物还将成为河、湖和海洋再污染潜在的来源。因此，沉积物污染的研究具有重要的理论和实际意义。若缺乏对沉积物环境状况的了解，我们就不可能最终解决人类面临的日益严重的环境危机。

在天然水体中，重金属污染物大多以沉积物为其最终归宿。相对水相而言，底质沉积物固相浓缩重金属的倍数可高达数千至数万倍，即沉积物对水体污染具有放大作用，并对水体污染事件具有空间统计代表性和时间记录有序性，所以，沉积物监测能反映较大时空尺度内水体环境污染"气候"的变化。近年来土壤和沉积物的化学污染再度成为人们关注的热点，最为突出的进展是提出了化学定时炸弹(Chemical Time Bomb，CTB)这个新概念。美国 EPA 在 1998 年 9 月关于《污染沉积物战略总报告》中指出，在全美国许多水域污染沉积物都造成生态和人体健康的危机，沉积物成为污染物的储存库。人们日益重视沉积物污染在河流、湖泊和海洋环境保护中的意义，并积极地探索和开展沉积物环境质量评价的研究。

对沉积物中金属元素的研究，如果仅仅知道其含量并不能了解它们的环境行为(可能发生的各种地球化学过程)、生物有效性(生物毒性)的大小以及可能产生的环境危害，因此还需知道金属元素在沉积物中存在的形态，这对重金属污染的防治和管理是十分重要的。

一、目的与要求

(1)通过对沉积物中铬的形态分析，掌握颗粒物中微量重金属形态逐级提取的方法。

(2)加深颗粒态重金属的形态分析与水体中重金属的迁移转化，归宿相关性的认识，以及了解它在环境容量研究与污水处理中应用的意义。

二、基本概念

水环境中颗粒态金属，是指与悬浮物和沉积物结合的金属。这些颗粒态金属中，除一部分来自岩石及矿物风化的碎屑产物(这往往是未受污染水体中主要的组成)外，相当一部分是在水体中(特别是在污染严重的水体中)由溶解态金属通过吸附、沉淀、共沉淀及生物作用转变而来的。这些是目前对水环境中颗粒态金属形态划分的主要依据。

水体悬浮物与沉积物中金属的存在形态可分为：①因沉积物或其主要成分(如黏土矿物、铁锰水合氧化物、腐殖酸及二氧化硅胶体等)对微量金属的吸附作用而形成的"可交换态"(或称"吸附态")；②与沉积物中的碳酸盐联系在一起的部分微量金属称为"与碳酸盐结合态"；③与铁锰水合氧化物共沉淀，或被铁锰水合氧化物吸附，或其本身即为氢氧化物沉淀的这部分微量金属称为"与铁锰氧化物结合态"；④与硫化物及有机质结合的金属称为"与有机质结合态"；⑤包含于矿物晶格中而不可能释放到溶液中去的那部分金属称为"残渣态"。

至今，对于颗粒态金属的形态分析，化学提取法是主要和最基本的，其次是使用某些结构分析仪器。化学提取法有两种类型：一种是只利用一种选择性试剂的一步提取法；另一种是用几种不同作用的提取剂连续对样品进行提取的逐步提取法。在众多的逐步提取法中，1979 年 Tessler 提出的分析程序受到重视和广泛应用。他对所提出的方法进行过论证，在测定各级提取液中痕量金属含量的同时，也测定其中的硅、铝、钙、硫、有机碳及无机碳含量，并对提取后的残渣进行 X-射线衍射分析，证明每一步浸取都有较好的选择性。

三、仪器与试剂

(1)分光光度计；

(2)电动离心机；

(3)离心管：50mL；

(4)水浴锅；

(5)控温电炉；

(6)锥形瓶：100mL；

(7)容量瓶：50mL、100mL；

(8)烧杯：50mL；

(9)移液管：1、2、5、10mL；

(10)1mol/L $MgCl_2$ 溶液：pH=7.0；

(11)1mol/L NaAc 溶液：用 HAc 调节至 pH=5；

(12)0.04mol/L $NH_2OH-HCl$ 溶液：称取 27.8g $NH_2OH-HCl$ 溶解于 100mL25% 的 HAc 水溶液中；

(13)30% H_2O_2 分析纯；

(14)3.2mol/L NH_4Ac：称取 20.16g NH_4Ac 溶解于 100mL 的 20%(V/V)HNO_3 中；

(15)浓硝酸、浓硫酸、浓磷酸：优级纯；

(16)(1+1)磷酸溶液：加热至沸，并滴加高锰酸钾至微红；

(17)5% $H_2SO_4-H_3PO_4$ 混合液：取硫酸、磷酸各 5mL，慢慢倒入水中，稀释至 100mL，加热至沸，并加高锰酸钾溶液至微红色。

(18)0.1% 甲基橙指示剂。

(19)0.1 N NaOH 及 0.1 N HNO_3 溶液；

(20)0.5%(W/V)$KMnO_4$ 溶液；

(21)20%（W/V）尿素溶液；

(22)2%（W/V）亚硝酸钠溶液；

(23)1 mg/L Cr^{6+}标准溶液：用50mg/L Cr^{6+}储备液稀释；

(24)0.5%二苯碳酸二肼丙酮显色剂：称取0.5g二苯碳酰二肼，溶于丙酮中，并稀释至100mL，临时配制；

(25)底泥：风干后过100目筛。

四、实验步骤

1. 可交换态铬

称1.00g左右底泥（称准至0.001g）两份，分别放入两个重量接近的离心管中。往管内各加入8mL 1mol/L $MgCl_2$溶液，在室温下振摇1h。把离心管置于离心机对称位置上离心10min，将上清液移入100mL锥形瓶中，再向离心管内加入10mL蒸馏水，搅拌均匀后再离心10min，上清液合并入100mL锥形瓶中。离心管内残留物供下述实验用。

2. 碳酸盐结合态铬

往离心管中加入8mL 1mol/L NaAc（pH=5），在室温下连续振摇1h。离心10min。上清液移入100mL锥形中，再用10mL蒸馏水洗残留物一次，离心分离出的清液，合并到提取液中，离心管内残留物供下述实验用。

3. 铁锰氧化物结合态铬

往离心管中加入20mL 0.04mol/L NH_2OH-HCl溶液，在96±3℃下间歇振摇6h，离心10min，上清液移入100mL锥形瓶中，再用20mL蒸馏水洗一次，离心分离出的清液合并到提取液中，残留物供下实验用。

4. 硫化物与有机质结合态铬

往离心管中加入3mL 0.02mol/L HNO_3与5mL 30% H_2O_2，并用HNO_3调节至pH=2，在85±2℃下加热2h并间歇摇动。继之再加3mL 0.02mol/L HNO_3与5mL 30% H_2O_2（用HNO_3调节至pH=2）。同上于85±2℃下处理3h。冷却后，加入5mL3.2mol/L NH_4Ac，稀释至20mL，并连续振摇30min。离心10min，上清液移入100mL锥形瓶中，用20mL蒸馏水洗一次，离心分离出的清液合并到提取液中。残留物供下述实验用。

5. 残渣态铬

(1)用10mL水把离心管内残留物定量地洗入100mL锥形瓶中，加浓磷酸与浓硫酸各1.5mL，盖上表面皿或小漏斗，置于电炉上加热至冒白烟，取下稍冷却。重复滴加2~3滴浓硝酸，再置于电炉上加热至大量冒白烟，至试样变白，消解液呈黄绿色为止。

(2)取下锥形瓶。用水冲洗表面皿或漏斗和瓶壁，将消解液连同残渣移入50mL离心管内，离心分离。上清液移入100mL容量瓶中，用水冲洗离心管，并用玻璃棒搅动残渣，再离心分离，上清液合并入100mL容量瓶中，稀释至刻度。

6. 标准曲线的绘制

分别吸取0.00，2.00，4.00，6.00，8.00，10.00mL，1.00mg/L标准铬溶液于50mL容量瓶中，5.0mL 5% H_2SO_4-H_3PO_4混合液，用水稀释至刻度。加1mL（1+1）磷酸、摇匀、加1mL二苯碳酰二肼丙酮显色剂，迅速摇匀，10min后用3cm比色皿于波长540nm处，以试剂空白为参比测定吸光度。以吸光度为纵坐标，铬含量为横坐标绘制标准曲线。

7. 测定

(1)消化处理：向上述 1~4 步操作的提取液中，分别加入浓磷酸、浓硫酸各 1.5mL，盖上表面皿或小漏斗，置于电炉上加热至冒白烟，溶液清亮。移入 100mL 容量瓶中，加水至刻度。

(2)氧化处理：从上述各消化处理后的提取液中吸取适量试样(含铬量应落在标准曲线范围内)于 50mL 烧杯内，加 20mL 蒸馏水，以甲基橙为指示剂，用氢氧化钠和硫酸调节至刚呈红色，再多加一滴 1+1 硫酸，并用水调整至 30mL 左右，滴加 1~2 滴 0.5% 的高锰酸钾至溶液呈紫红色，置于水浴上加热煮沸 15min 左右，若紫红色褪去可再滴加 1 滴。冷却后，加 20% 尿素 10mL，边摇动边逐滴加入 2% $NaNO_2$ 以分解过量的高锰酸钾与氧化过程中可能产生的二氧化锰。

(3)显色：把上述氧化处理后的试液移入 50mL 容量瓶中，加入 5mL 5% H_2SO_4-H_3PO_4 混合液并用水稀释至刻度。继之加入 1mL(1+1)磷酸、摇匀，加 1mL 显色剂，迅速摇匀。以下按标准曲线相同的条件测定吸光度并同时进行空白试验。

五、实验结果与数据处理

(1)绘制标准曲线。将实验数据填入表 19-1。

表 19-1　　　　　　　　　　　　　**Cr⁶⁺标准曲线**

Cr^{6+}加入量(μg)						
吸光度						

(2)根据各形态的吸光度由标准曲线查出铬含量，并计算出每公斤底泥含铬的毫克数(mg/kg)。将实验数据及计算结果填入表 19-2。

表 19-2　　　　　　　　　　　　　**各形态铬含量**

形　态	可交换态		碳酸盐态		铁锰氧化物态		硫化物与有机质态		残渣态	
	1	2	1	2	1	2	1	2	1	2
吸光度										
Cr^{6+}(μg)										
含铬量(mg/kg)										
平均含铬量(mg/kg)										

六、分析及讨论

1. 由实验结果说明所试验底泥中铬的主要存在形态。

2. 结合本实验底泥中铬的形态分析，讨论铬的吸附释放行为与影响因素。

参考文献

［1］Forstner U and Kersten M. Chemistry and Biology of Solid Waste-dredged Mine Tailings. Springer-Verlag , Berlin, 1988.

［2］Salomons W. Environ. Technol. Lett. 1985, 6: 6315-6326.

［3］Samanidou V and Fytianos K. Metals Speciation, Separation, and Recovery, Lewis; Michigan, 1990, 2: 463-472.

［4］STIGLIANI W M. Changes in valuedcapacities of soils and sediments as indicators and time-delayed environmental effects［J］. Environmental Monitoring and Assessment, 1988, 10: 245-307.

［5］STIGLIANI W M, DOELMAN P, SALOMONS W. Chemical timebombs: predicting the unpredictable［J］. Environment, 1991, 33: 4-30.

［6］谢学锦. 化学定时炸弹研究［J］. 中国地质, 1993.

［7］金相灿. 沉积物污染化学［M］. 北京: 中国环境科学出版社, 1992.

［8］李任伟. 沉积物污染和环境沉积学［J］. 地球科学进展, 1998, 13(4): 398-402.

［9］陈静生, 王飞越. 关于水体沉积物质量基准问题［J］. 环境化学, 1992, 11(3): 60-70.

［10］文湘华. 水体沉积物重金属质量基准研究［J］. 环境化学, 1993, 12(5): 334-341.

第二十章　污染土壤中多环芳烃的
荧光光度法测定

一、背景知识

1. 多环芳烃

多环芳烃(Polycyclic Aromatic Hydrocarbons，PAHs)指分子中含有两个或两个以上苯环的碳氢化合物，可分为芳香稠环型及芳香非稠环型。芳香稠环型是指分子中相邻的苯环至少有两个共用碳原子的碳氢化合物，如萘、蒽、菲、芘等，它们是通常所说的PAHs；芳香非稠环型是指分子中相邻的苯环之间只有一个碳原子相连的化合物，如联苯、三联苯等。多环芳香烃是环境中的有机物热解和不完全燃烧的产物，主要来源于煤炭汽化、木材保存、石油制品生产等过程。PAHs是一类非极性的有毒物有机污染物质。由于多种工农业生产活动的影响，易于进入土壤和水环境中，造成严重的污染，而且PAHs也是致癌性物质，威胁到人体的健康，因此被列入必须优先处理的有毒有害有机污染物名单。

PAHs通常为无色、浅黄色或白色的固体。美国环保署(EPA)将16种PAHs作为优先控制污染物。EPA优先控制的16种PAHs污染物的理化性质如表20-1。

土壤中PAHs测定的关键步骤是样品的提取，对严重污染的复杂样品而言，提取样品的净化也至关重要。天津污灌区遭受各种污染物的严重污染，其样品成分复杂、性状特殊，由于受多种因素干扰，其中微量有机物的测定相对困难。加速溶剂萃取法对于残留有机污染物的提取特别有效，对于多环芳烃而言，不同的文献提供了不同的溶剂体系，在不同条件下能分别获得理想的效果。

表20-1　　　　　　美国EPA16种优先控制的PAHs部分参数

中文名	英文名	环数	分子量	沸点(℃)
萘	naphthalene	2	128	218

续表

中文名	英文名	环数	分子量	沸点(℃)
苊稀	Acenaphthylene	3	152	270
苊	Acenaphthene	3	154	279
芴	Fluorene	3	165	294
菲	Phenanthrene	3	178	340
蒽	Anthracene	3	178	340
荧蒽	Fluoranthene	4	202	383
芘	Pyrene	4	202	404

续表

中文名	英文名	环数	分子量	沸点(℃)
苯并[a]蒽	Benzo[a]anthracene	4	228	400
䓛	Chrysene	4	228	481
苯并[b]荧蒽	Benzo[b]fluoranthene	5	252	481
苯并[k]荧蒽	Benzo[k]fluoranthene	5	252	481
苯并[a]芘	Benzo[a]pyrene	5	252	496
二苯并[a，h]蒽	Dibenz[a,h]anthracene	5	278	535

续表

中文名	英文名	环数	分子量	沸点(℃)
茚并[1，2，3-cd]芘	Indeno[1,2,3-cd]pyrene	6	276	534
苯并[g，h，i]菲	Benzo(g,h,i)perylene	6	276	542

2. 土壤提取 PAHs 原理和方法

由于 PAHs 在土壤中有多种存在形式，且土壤成分复杂，机体干扰较严重，因此在测定 PAHs 时，土壤提取十分重要。基于相似相容原理，目前用于提取土壤中 PAHs 的方法有微波协助萃取法(MAE)、超声波提取(UE)、加速溶剂萃取(ASE)、固相萃取(SPE)、固相微萃取(SPME)和超声临界流体萃取(SPE)等。这些方法是对相似相容原理的辅助作用，具有提高萃取效率，缩短萃取时间，减少萃取剂的使用等优点。

3. 荧光光度法基本原理

物质吸收光辐射，价电子从基态跃到激发态，然后再回到基态释放能量，释放能的形式包括：①热能的形式；②光辐射的形式。以光辐射形式释放能量时，发射光，这种现象称为光致发光。

物质的基态分子受一激发光源的照射，被激发至激发态后，在返回基态时，产生波长与入射光相同或者较长的荧光。通常所指的分子荧光是指紫外-可见光荧光。即利用某些物质受到紫外光照射后，发射出比吸收的紫外光波长更长或者相等的紫外光荧光或可见光荧光，通过测定物质分子产生的荧光强度进行分析的方法称为荧光分析。

荧光分析可用于物质的定性及定量分析，由于物质结构不同，所能吸收的紫外光波长不同，在返回基态时，所发射的荧光波长也不同，利用这个性质可以鉴别物质。对于同种物质的稀溶液，其产生的荧光强度与浓度呈线性关系，利用这个性质可进行定量分析。

荧光法的主要特点是灵敏度高，检出限为 $10^{-7} \sim 10^{-9} g/mL$，而且选择性强，能够吸收的物质并不一定产生荧光，且不同的物质由于结构不同，虽然吸收同一波长的光，产生的荧光光波也不同。此外，还有用量少、操作简便等优点。荧光测定的线性范围一般在 10^{-5} $\mu g/mL$ 到 $100\mu g/mL$ 之间。

如图 20-1 所示，荧光分光光度计的主要部件及其功能：①光源。高压汞蒸汽灯、氙灯。能提供紫外光和可见光，光强度比紫外-可见光分光光度计光源大得多。②激发光单色器。作用：提供单波长的激发光。色散元件：棱镜或光栅。出射狭缝宽度可调。③样品池。须用石英材料制成。④荧光单色器。将样品池中的散射光、反射光、杂质荧光等滤掉，只让荧光通过。出射狭缝宽度可调。⑤检测器。光电转换元件，测定荧光的强度。检测方向与激发光方向垂直：在垂直方向上没有透过光的干扰。由于荧光的强度较弱，一般以光电倍增管作检测器。

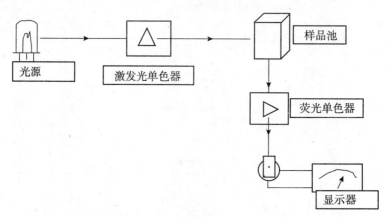

图 20-1　荧光分光光度计基本结构示意图

二、目的与要求

(1)学习荧光光度法的测量原理、仪器结构和实验操作以及其在 PAHs 测定中的应用。
(2)了解荧光分析法的特点。
(3)学习模拟土壤中 PAHs 的提取方法。
(4)掌握荧光分光法的定量分析方法(标准曲线法)。

三、实验原理

本实验土壤前处理提取沙中的蒽，利用丙酮和蒽相似相容的原理，在振荡离心的过程中，从沙的表面洗脱下蒽。

蒽在 350nm 光的照射下，产生荧光，荧光特征峰出现在 404nm 附近。其荧光强度和蒽的浓度呈线性关系，因此可以使用荧光光谱法测定蒽的含量。在稀溶液中，荧光强度 F 和物质浓度 c 有以下关系：

$$F = 2.303\Phi I_0 \varepsilon bc$$

式中：Φ——量子效率，发射光量子与吸收光量子之比；

　　　I_0——入射光强度；

　　　ε——摩尔吸光系数；

　　　b——光程；

c——浓度。

当实验条件一定时，荧光强度与物质的浓度 c 有以下关系：

$$F = Kc$$

这是荧光定量分析的基础。

四、实验仪器与试剂

1. 仪器

(1)荧光分光光度计：F-4500(Hitachi，日本)。

(2)分析天平。

(3)HY-8 调速振荡器。

(4)低速离心机。

(5)250mL 具塞锥形瓶 1 个。

(6)塑料盆或大号烧杯 1 个。

(7)50mL 具塞锥形瓶 3 个。

(8)离心管：5mL。

(9)比色管：10mL。

(10)移液管：1mL 1 个、5ml 1 个、50mL 1 个。

2. 试剂

(1)丙酮：分析纯，纯度>99%。

(2)蒽：标准物质，纯度>99%。

(3)5%硫酸：将 98% 的浓硫酸按照体积比 1∶5 与蒸馏水配制成 5% 的硫酸。

五、实验方法

1. F-4500 型荧光分光光度计的使用

首先将计算机和荧光光度计电源接好。由于光度计开启时电流较大，为了避免过大的电流损伤计算机，要先将光度计打开。将电源开关打开，红色电源指示灯亮。打开氙灯开关，绿色指示灯闪三下，表示开机正常。然后，开启计算机，开始测量。

2. 标准曲线的绘制

用电子天平准确称取 0.0100g 蒽，加入 50mL 丙酮，摇匀。取该溶液 0.5mL 稀释至 50mL，即得到蒽浓度为 2μg/mL 的溶液。在 7 支 10mL 比色管中分别加入 2μg/mL 溶液 1.0、2.0、3.0、4.0、5.0、6.0、7.0mL，都稀释至 10mL，即得到蒽浓度分别为 0.20、0.40、0.60、0.80、1.00、1.20、1.40μg/mL 的溶液，在荧光光度计上测出这些溶液的吸收峰值，绘制蒽含量(μg/mL)工作曲线。

3. 受蒽污染土壤的配制

为了减少其他因素的影响，用酸洗的沙子代替真实土壤进行实验。本实验所用的沙子要先过筛，选粒径为 1~2mm 的沙子，用 5% 的硫酸浸泡再用水冲洗干净。

称取 275g 洗好的沙子于塑料盆中。用电子天平称取 0.0275g 蒽，加入适量丙酮配制成溶液。在通风橱内将含蒽的丙酮溶液倒入沙子中，并且搅拌均匀后让沙子平铺于塑料盆中，放置过夜让丙酮自然挥发，使蒽都附着于沙子的表面。此时蒽在沙子中的含量为100mg/kg(沙)。

4. 沙子中蒽的提取及测定

用电子天平称取含蒽的沙子3g于50mL锥形瓶中，加入15mL丙酮，在振荡器上振荡14h。将振荡后的溶液倒入离心管中，设置高速离心机转速为1000r/min，进行离心，离心时间为5min。取上清液0.5mL于10mL比色管中，稀释至10mL，摇匀后再用荧光光度计进行测定。记录峰值，取三个平行样重复测定。

六、数据处理

标准曲线结果列于表20-2。

表20-2　　　　　　　　　　　　标准曲线实验结果

标准系列	0	1	2	3	4	5
浓度(μg/mL)						
峰高度						
标准曲线方程						

将未知浓度的蒽溶液的峰值与工作曲线上的峰值相对照，从标准曲线上求出蒽含量，样品测定的结果列于表20-3。

表20-3　　　　　　　　　　　　样品测试实验结果

样　品	A_1	A_2	A_3	平均值
峰高度				
浓度(μg/mL)				

七、注意事项

(1)比色皿使用之前应清洗干净。若比色皿很脏，清洗方法为：先将比色皿置于铬酸洗液中浸泡半小时左右，再用蒸馏水洗净，晾干留用。

(2)在换装不同浓度溶液时，比色皿必须用待测溶液润洗至少三次。

(3)配制标准溶液时，为了减少仪器偏差，取不同体积的同种溶液应用同一移液管。

(4)因荧光是从石英池下部通过，所以拿取石英池时，应用手指捏住池体的上部，不能接触下部。清洗样品池后，应先用吸水纸吸干四个面的液滴，再用擦镜纸往同一方向进行轻轻擦拭。

(5)比色皿用完之后，应先用无水乙醇清洗，后再用蒸馏水洗净，晾干后收于比色皿盒中。

(6)定期清理仪器的比色部分，以保持仪器内部的整洁和洁净。

(7)实验中用到丙酮，故应保持实验环境通风，并且佩戴口罩。

八、思考与讨论

1. 试述分子荧光产生的过程。

2. 试述分子荧光强度与浓度的关系式，并说明公式成立的前提条件及原因。

3. 分别说明荧光分光光度计两个单色器的作用，以及将光路设计成直角方向的原因。

4. 为什么可见光分光光度计的光路是直线方向，而荧光分光光度计的光路是直角方向？

5. 为什么荧光分析比紫外-可见分光光度分析法灵敏度高？

6. 荧光分析可以应用于无机物定量分析，但在紫外光照射下能产生荧光的无机物很少，如何利用荧光分析测定难以产生荧光的无机物。

7. 荧光分析法应用于有机物定量和定性分析，对有机物的结构和性质有什么要求。

参考文献

[1] 徐葆筠，杨根元，金端祥，等．实用仪器分析[M]．北京：北京大学出版社，1993.

[2] 崔艳红，朱雪梅，郭丽青，等．天津污灌区土壤中多环芳烃的提取、净化和测定[J]．环境化学，2002，21(4)：392-396.

[3] Martinez-Manez R，Sancenon F. Fluorogenic and chromogenic chemosensors and reagents for anions[J]. ChemRev，2003，103(11)：4419-4476.

[4] Zougagh M，Ros A. Direct Automatic Screening and Individual Determination of Polycyclic Aromatic Hydrocarbons Using Supercritical Fluid Extraction Coupled On-Line with Liquid Chromatography and Fluorimetric Detection[J]. Analytica Chimica Acta，2004，524(1-2)：279-285.

第二十一章　底泥中磷形态的测定

一、背景知识

1. 湖泊沉积物中磷的形态

湖水中磷主要以溶解有机态磷、溶解无机态磷、颗粒有机态磷、颗粒无机态磷和有机吸附结合态磷等形式存在。其中溶解态的磷只有一部分属于正磷酸盐，此系生物直接利用磷的形态，其余部分中溶解态和悬浮态的生物可利用磷及有机悬浮态磷可逐渐以正磷酸盐的形式释放出来，故为生物体潜在的可利用磷。湖水中的磷，特别是可溶性正磷酸盐能很快地被植物和其他水生生物吸收，生成颗粒有机磷，生物死亡后，有机磷的可溶性化合物又被溶解返回湖水中，这些化合物或者再次被吸收形成颗粒有机磷，或者被降解为无机正磷酸盐，而惰性的有机磷在湖泊的沉积物中沉积下来。

湖泊沉积物是湖泊营养物质的重要蓄积库。在浅水湖泊的磷总量平衡中，底泥磷占据了很大比例，可构成整个内负荷的 $60\% \sim 80\%$。适宜环境下，沉积物磷可向水体释放并转化成生物可利用磷，从而促进浮游藻类的急剧增长，加速湖泊富营养化。沉积物中的磷主要以吸附态、有机态、铁结合态、钙结合态、铝结合态等形式存在。沉积物中各形态磷在环境条件改变时，又将磷释放到水体中。

沉积物中能参与界面交换和可被生物利用的磷含量取决于沉积物中磷的形态，在不同区域由于各种理化条件和生态环境的变化，沉积物中磷的形态分布有很大差异，这些形态相异的磷往往有其特定的生态学意义。

湖泊沉积物向水体释放可溶性磷是内源磷的基本来源，沉积物中的磷可分为颗粒态磷和溶解态磷；性质上包括无机磷和有机磷；对于形态不同的研究者有不同的分级方法，但至少会分离出下列磷形态中的三种以上形态：不稳态磷(Labile Phosphorus, LP)，与 Al、Fe、Mn 的氧化物或氢氧化物结合的磷，与 Ca 结合的磷，有机磷和残余磷。其中不稳态磷很容易被释放，铝结合态磷(aluminum bounded phosphorus, Al-P)和铁结合态磷(iron bounded phosphorus, Fe-P)在氧化还原环境改变的条件下可以转化成可溶解性磷，通过间隙水进入上覆水体，这几种类型的磷形态具有很强的释放活性，它们是内源负荷的重要来源。而钙结合态磷(calcium bounded phosphorus, Ca-P)和闭蓄态磷(occlude phosphorus, OcP)则很难被分解参与短时间的磷循环。

在一定条件下，营养盐(氮、磷)形态会在湖泊水-沉积物界面发生迁移和转化。湖泊水-沉积物界面的物理化学过程对营养物在该界面迁移转化的影响直接影响湖泊上覆水体的营养元素的形态和含量，影响湖泊富营养化和水华暴发，因此研究湖泊水-沉积物界面作用，特别是环境因子对湖泊水-沉积物界面氮、磷迁移、转化和平衡规律具有重要意义。

　　湖泊水-沉积物界面由水体和沉积物两相组成，在密度、浓度、微粒和溶液组成、化学种类的活性、pH 值、氧化还原电位和生物活性等多方面存在明显的梯度变化，是自然水体在物理、化学和生物特征等方面差异最显著的边界环境。

　　一般认为沉积物-水体界面 0～2cm 是沉积物与水体之间氮、磷等养分循环的一个主要的场所。并且大部分只在沉积物顶部厚度仅几厘米的薄层内发生反应。

　　2. 湖泊水-沉积物界面磷形态的迁移转化

　　水体中的各种含磷化合物主要通过有机磷矿化、无机磷同化和不溶性有机磷有效化等途径进行循环：

　　（1）有机磷的矿化作用：有机物中的磷，在其生物降解过程中，生成无机磷和磷化物，许多细菌和真菌都参与这个矿化过程。

　　（2）无机磷的同化作用：水中的溶解性无机磷首先为上层水中的浮游植物所吸收，其中一部分用于本身生长的需要，大部分积累在植物细胞中以备磷源不足时使用。水生高等植物能从沉积物中大量吸收无机磷，经代谢转变为有机磷化合物。

　　（3）不溶性有机磷有效化：沉积物中不溶性磷不能为水中生产者所利用，当水中 pH 值向酸性转变时，可使沉积物中的磷成为可溶性的，如加入酸性物质或水中某些自养的细菌活动所生成的酸类，可使磷的溶解过程加快。

　　磷的转化包含 4 个主要过程：①来源于生物的颗粒有机磷在微生物作用下，形成可溶性有机磷，并进一步矿质化形成正磷酸根离子；②水体和水体界面的磷酸根离子与无机离子(铁、钙、铝等)结合形成颗粒无机磷的螯合物，不能被植物利用；③颗粒无机磷在沉积层的厌氧环境中被释放形成正磷酸根离子；④沉积层的磷酸根离子被植物吸收。正磷酸根包括磷酸根、磷酸氢根和磷酸二氢根，三者相互之间可以转化，其转化和平衡受水体 pH 值的控制。

　　自然界的磷主要储存在岩石、骨化石沉积物及鸟类粪便中，在外界条件作用下，磷酸盐随着岩石和沉积物逐渐溶解释放出来，这部分磷酸盐进入食物链后通过植物合成有机物质，动、植物死后尸体被微生物分解后磷再次释放出来。磷在地球化学循环的过程中是不完全的，大量的磷进入海洋后沉积于深处，而重新返回的磷不足以补偿陆地和淡水水域中磷的损失。

　　湖泊沉积物与水体之间磷的交换过程十分复杂，它包括磷的生物循环，含磷颗粒的沉降与再悬浮、溶解态磷的吸附与解吸附、磷酸盐的沉淀与溶解等物理、化学、生物过程及其相互作用。一些湖泊中外源性磷的降低并不一定立即导致湖泊内生物量的降低和营养状态的改善，可能是底泥中的营养元素的溶出以及某些湖水水体中磷的浓度超过了藻类生长的阈值所致。在湖泊富营养化发展时期，沉积物的磷输入大于输出，不存在绝对的磷释放，在治理湖泊过程中，只有当湖水中磷含量显著降低后，才有可能发生磷的释放；而在底层湖水比较稳定、沉积物表面被有机碎絮层覆盖的情况下，即使湖水中磷含量有一定程度的下降，沉积物也不一定释放磷。沉积物是湖泊中磷的源和汇，在大多数湖泊中，存在磷的静沉降，沉积物作为水体中磷的"汇"，在某些高营养水平的湖泊中，在短时间内，磷从沉积物中释放可能超过磷的沉降，使得水体中的磷的浓度保持较高的水平，沉积物便成为磷的"源"。沉积物与水体的物质交换主要通过扩散来实现，交换的强度主要取决于沉积物间隙水中的营养物质浓度梯度。

影响湖泊水-沉积物界面氮、磷形态迁移转化的因素主要有 pH 值、氧化还原电位、光照、沉积物组成、沉积物间隙水中的磷浓度、氮氧化物浓度、温度、生物扰动、水体扰动等。

二、目的与要求

(1)了解底泥中磷形态分析对于磷元素生物地球化学循环及湖泊水体富营养化过程的意义。

(2)学习基本土壤、底泥、沉积物中磷形态划分与测定方法;掌握沉积物中可溶解磷、铁结合态磷(Fe-P)、铝结合态磷(Al-P)的测定方法。

三、实验原理

本实验采用的磷形态分析方法是参照《湖泊富营养化调查规范(第二版)》中提出的形态分析方法进行的。如图 21-1 所示,该方法以不同的试剂和方法依次分离出沉积物中磷的三种化学形态:不稳态磷(labile phosphorus, LP),铝结合态磷(aluminum bounded phosphorus, Al-P),铁结合态磷(iron bounded phosphorus, Fe-P)。

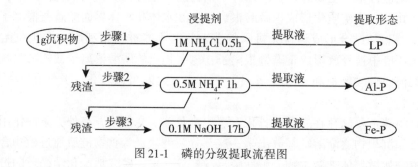

图 21-1　磷的分级提取流程图

另外,沉积物中磷形态分析采用欧洲标准测试委员会框架下发展的 SMT 分离方法,将总磷(TP)分为无机磷(IP)、有机磷(OP)、可交换态磷(Ex-P)、铁铝结合态磷(NaOH-P)、钙结合态磷(HCl-P)进行分析,具体步骤见图 21-2。其针对沉积物中总磷及其形态磷的连续提取分离法如下。

(1)可交换态磷(Ex-P):分别准确称取不同目数的沉积物样 0.5g 于数个 50mL 离心管中,加入 $1.0 mol \cdot L^{-1} MgCl_2$ 溶液 20mL,置于水浴恒温振荡器中振荡 2h,离心提取可交换态磷。

(2)铁铝结合态磷(NaOH-P):浸提过 Ex-P 的剩余残渣中加入 20mL $1 mol \cdot L^{-1}$ 的 NaOH 溶液,加盖摇匀,振荡 12h,离心提取铁铝结合态磷。

(3)钙磷(HCl-P):浸提过铁铝磷的残渣用饱和 NaCl 溶液洗涤 2 次,每次离心 5 min,弃清液,加入 20mL $1 mol \cdot L^{-1}$ 盐酸,加盖摇匀,振荡 12h,离心提取钙结合态磷。

(4)总磷(TP):分别准确称取不同目数的沉积物土样 0.5g 于干燥的坩埚中,放入马

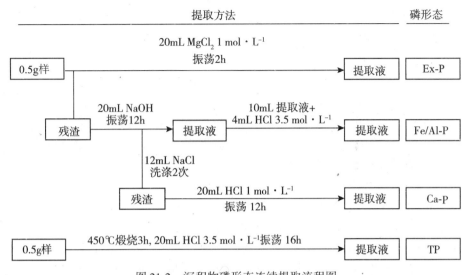

图 21-2　沉积物磷形态连续提取流程图

弗炉中，450 ℃煅烧 3h；冷却后，移至离心管，加入 20mL 3.5 mol・L^{-1}盐酸，加盖摇匀，振荡 16h，离心提取总磷。不论是采用哪种提取方法，提取后的样品中磷的测定都是采用钼锑抗分光光度法。

四、实验仪器与试剂

1. 实验仪器

沉积物-水界面采样装置；AY120 型电子天平（SHIMADZU）；320-S 型 pH 计（METTLER TOLEDO）；UV-1601 型 UV-Vis 分光光度计（SHIMADZU）；721 分光光度计（上海第三分析仪器厂）；手提式高压蒸汽灭菌器（上海医用核子仪器厂）；可调式封闭电炉（北京永光明医疗仪器厂）；CHA-S 型气浴恒温振荡器（国华仪器厂）；LD5-2A 型电动离心机；四联恒温水浴锅；0.45μm 滤膜过滤器；超纯净水装置。

2. 化学试剂

（1）1mol/L NH$_4$Cl。

（2）中性 0.5mol/L NH$_4$F（18.5gNH$_4$F 定容至 1L，调 pH 值至 7）。

（3）$c(1/2H_2SO_4)$分别为 2、1、0.5、0.1mol/L 的四种硫酸溶液。

（4）饱和氯化钠溶液。

（5）0.1mol/L NaOH 和 2mol/L NaOH。

（6）二硝基酚指示剂。

（7）0.3mol/L 柠檬酸钠。

（8）1mol/L NaHCO$_3$。

（9）固体 Na$_2$S$_2$O$_4$。

（10）30% H$_2$O$_2$。

（11）6、0.5、0.1mol/L HCl。

(12)20% KSCN。

(13)0.8mol/L H_3BO_3。

五、实验方法

1. 可溶性磷 DP 的分离测定

称 1g 样品，放入 100mL 离心管中，加入 50mL 1mol/L NH_4Cl 溶液，加盖塞紧后，在振荡器上振荡 0.5h。离心并小心地尽可能完全倾倒出上清液，测定水溶性磷(量很少)。离心管中的残留样品保留作分离 $AlPO_4$ 用。

2. 铝结合态磷 Al-P 的分离测定

加入 50mL 中性 0.5mol/L NH_4F 溶液于经 NH_4Cl 处理过的样品中，振荡 1h。离心并小心倾倒出上清液，测定 $AlPO_4$。离心管中残留的样品保留作分离 $FePO_4$ 用。

吸取 20mL 上清液，加入到 50mL 容量瓶中，用 $c(1/2H_2SO_4)$ 为 1mol/L 的 H_2SO_4 调节 pH 值至 3(二硝基酚作指示剂，呈淡黄色)，用钼锑抗法进行溶液中磷的测定，此即 $AlPO_4$。

3. 铁结合态磷 Fe-P 的分离测定

于经 0.5mol/L NH_4F 处理后的样品中加入 50mL 0.1mol/L NaOH 溶液，振荡 17h。离心，小心倾倒出上清液，处理后的样品留作测定 $Ca_3(PO_4)_2$ 用。

将上清液倒入另一离心管中，先加入 2 滴 $c(1/2H_2SO_4)$ 为 2mol/L 的硫酸，再多加 1 滴直至出现有机胶体凝聚为止，然后离心，保留上清液。

取 5mL 上清液于 50mL 容量瓶中，加水约 35mL，以二硝基酚作指示剂，调节 pH 值至 3。加 5mL 钼锑抗试剂，最后定容，比色测定 $FePO_4$。

溶液中磷的测定：吸取待测液 5mL 放入 150mL 锥形瓶中，加 10mL 水和 10mL 30% H_2O_2，用文火加热，不使作用太剧烈。待气泡停止发生，煮沸溶液，在氧化作用完成前，不得蒸干，否则将会炭化，影响比色测定。待氧化作用完成后，将锥形瓶移至水浴上，蒸干溶液，加 10mL 2mol/L NaOH，于水浴上煮沸 5min。将混浊液倒入 15mL 离心管中，离心。上清液倒入 50mL 容量瓶中。原 150mL 锥形瓶用 10mL 水洗刷，倒入离心管中，离心，清液并入上述 50mL 容量瓶中，连续重复两次，最后定容。

吸取上述定容后的溶液 20mL，调 pH 值至 3，加入 6mL 钼锑抗试剂，定容至 50mL，测定其中磷，即为闭蓄 $FePO_4$。钼锑抗比色法于 700nm 波长处测定试样的吸光度。

4. 绘制五氧化二磷标准曲线

分别吸取 5mg/L(P_2O_5)标准溶液 0、2、4、6、8、10、12、14mL，放入 50mL 容量瓶中，再加入 $c(1/2H_2SO_4)$ 为 6.5mol/L 硫酸钼锑抗混合显色剂 5mL，定容摇匀，即得 0、0.2、0.4、0.6、0.8、1.0、1.2、1.4mg/L(P_2O_5)，放置 30min 后与待测液同样进行比色。以吸光度为纵坐标，P_2O_5 浓度为横坐标，绘制标准曲线。

六、实验结果记录与分析

(1)绘制标准曲线，给出方程。

(2)底泥磷形态测定。

底泥质量：＿＿＿＿＿＿＿＿＿＿＿＿＿ g；

磷形态	Abs1	Abs2	Abs3	平均值	提取液中浓度 mg/L	底泥中浓度 mg/g
DP						
Fe-P						
Al-P						

（3）实验条件允许情况下，针对不同来源底泥进行磷形态测定，比较相互的差异并解释原因。

七、注意事项

钼蓝显色是在适宜的试剂浓度下进行的，所谓试剂的适宜浓度是指酸度，钼酸铵浓度以及还原剂用量要适宜，使一定浓度的磷产生最深最稳定的蓝色。磷钼杂多酸是在一定酸度条件下生成的，过酸和不足均会影响结果。因此在磷的钼蓝比色测定中酸度的控制最为重要。

八、思考与讨论

1. 结合化学形态的定义，比较不同磷形态的提取方法，说明其中可能存在的差异。

2. 逐级提取方法用于磷形态分析时，对于样品采集、保存与预处理过程中需要注意哪些事项？

3. 哪些因素会对底泥中磷形态的转化产生影响？这些因素在样品形态测试过程中应当如何加以控制，以获得更真实的形态分布情况。

参考文献

［1］金相灿，屠清瑛. 湖泊富营养化调查规范（第二版）［M］. 北京：中国环境科学出版社，1990.

［2］王雨春，万国江. 红枫湖、百花湖沉积物中磷的存在形态研究［J］. 矿物学报，2000，20（3）：273-277.

［3］付永清，周易勇. 沉积物磷形态的分级分离及其生态学意义［J］. 湖泊科学，1999，11（4）：376-381.

［4］林悦涓. 东湖沉积物及上覆水体氮磷形态分布特征［D］. 武汉大学硕士学位论文，2005，5：8.

［5］韩璐，黄岁樑，王乙震. 海河干流柱芯不同粒径沉积物中有机质和磷形态分布研究［J］. 农业环境科学学报，2010，29（5）：955-962.

［6］Ruban V, Lopez -Sanchez J F, Pardo P, et al. Development of a harmonised phosphorus extraction procedure and certification of a sediment reference material［J］. Journal of Environmental Monitoring, 2001, 3：121-125.

第二十二章　大型蚤毒性试验方法在污染控制化学中的应用

一、背景知识

随着近代工业的发展，近三四十年来，合成的化学物质品种及用量剧增，对环境造成的污染也日益严重，这已经引起世界各国的关注。发达国家早在 20 世纪 80 年代初期就制定了针对化学品生物毒性效应的一系列标准和工作指南，如美国环保署、世界经济与合作发展组织及德国标准研究所都颁布了一整套毒性测试的方法[1]。目前，日益增多的工业废水给水生生态系统造成了很大的冲击，对其进行毒性检测已经成为评价水环境质量的重要环节，评估污水毒性在处理前后的变化也已成为研究热点之一，处理出水进入生态系统后对生物产生的影响也成为受关注的内容。

生物检测技术在水质安全评价和水生生态保护中将起到重要的作用，它不仅可以核定未知化学物质的影响，也可以反映化学物质间的相互作用和化学物质的生物可利用性，生物毒性检测技术可用于寻求某种化学物质或工业废水对水生生物的安全浓度，为制定合理的水质标准和废水排放标准提供科学依据，也可用于测试水体的污染程度，检查废水处理的有效程度，比较不同化学物质的毒性高低[2]。

目前，废水毒性的测定主要有理化方法和生物学方法[1]。传统的理化分析方法能定量分析污染物中主要成分的浓度，但不能直接、全面地反映各种有毒物质对环境的综合影响，因水中有毒物质的多样性，实际中不可能对全部物质都分别实施检测，更不可能考虑到各种化学物质之间的拮抗、抑制和协同作用；而生物检测能够弥补理化检测方法的不足，综合多种有毒物质的相互作用，判定有毒物质的质量浓度和生物效应之间的直接关系，从而为水质的监测和综合评价提供科学依据，因而得到了迅速发展和广泛应用。

生物毒性检测方法主要包括急性毒性实验、亚急性毒性实验、慢性毒性实验以及生物致畸、致癌、致突变实验(如鱼染色体检验、蚕豆根尖细胞、紫露草花粉细胞微核检验和鼠伤寒沙门氏菌组氨酸缺陷型菌株恢复突变的检验)等，其中急性毒性实验可以探明环境污染物与机体短时间接触后所引起的损害作用，找出有毒物质的作用途径、剂量与效应的关系，为进行其他各种动物实验提供设计依据，并对环境污染提供预警，因而已成为应用最广泛的毒性测试方法[3]。

急性毒性实验是在高浓度、短时期(一般为 24～96h)被测物或废水能引起试验生物群体产生一定死亡数量或其他效应的毒性试验，目的是寻找某种毒物或工业废水对生物的半致死浓度和安全浓度，为制订水质标准和废水排放标准提供科学依据，急性毒性实验包括鱼类毒性实验、蚤类毒性实验、藻类毒性实验、微生物毒性实验、生物传感器、原生动物毒性实验、群落级毒性实验。慢性毒性实验是在实验室条件下进行的低浓度、长时间(几个月~几年)的中毒试验,目的是观察毒物和生物反应之间的关系,它可用来验证由急性试验估算来的安全浓度,水生生物慢性毒性试验动物可用无脊椎动物(淡水如大型蚤,海水如糠虾),也可用脊椎动物(淡水如鲤鱼、鲫鱼,海水如鳟鱼)。遗传毒性实验主要研究环境化学物质和物理辐射等环境外源物质诱发的生物体遗传物质如 DNA(脱氧核糖核酸)或·RNA(核糖核酸)的变异作用及其在子代中的有害遗传变化效应,一般主要包括环境物质对生物体健康的致突变作用、致畸作用及致癌作用(即"三致"遗传毒性效应)。

大型蚤(Daphnia Magna Straus)生活于自然水域,属于浮游甲壳类动物,是世界种。它是一组器官俱全的透明体,解剖镜下可直接观察到中毒症状,具有生活周期短、繁殖快、经济、方便易得、对毒物敏感和易于在实验室培养等优点,加上它们在水域生态系统中的重要性,因而得到众多国家的应用,已成为一种标准试验生物,广泛地用于水生生物毒理试验。大型蚤毒理试验不仅可以评价工业废水、农药、化学毒品和水中沉积物对水环境的污染,为制定各种水质标准提供科学依据,而且可以作为监测手段控制水环境的污染。应用大型蚤生物测试技术进行毒理试验在国外已经进行了广泛而深入的研究,目前大型蚤的测试技术已引起了我国研究人员的极大重视,在 20 世纪 80 年代后陆续在大型蚤生物测试技术上展开了研究,取得了一定的成果[4],我国也于 1991 年建立了自己的大型蚤急性毒性测试方法[5]。

传统的生物毒性监测以水蚤、藻类或鱼类等为受试对象,可以反映毒物对生物的直接影响,因此在水污染研究中,它已经成为监测和评价水体环境的重要手段之一,但是这些方法的最大缺点是实验周期长,操作复杂,大部分现存方法都是间歇式实验,不能及时反映水质情况[6]。污水毒性测试方法中,细菌法是一类相对较好的综合毒性测定方法,快速、简便、灵敏,水生生物法虽和人类的相关性比较好,但耗时相对较长。关于废水的综合毒性,尚缺乏快速准确的测试方法。

二、目的与要求

(1)掌握大型蚤毒性测试的标准方法;

(2)学习根据物质或废水的半数抑制浓度、半数致死浓度判断物质或废水的毒性程度;

(3)初步了解大型蚤毒性测试的影响因素。

三、实验原理

大多数水蚤是周期孤雌生殖种,自然条件下,无性生殖产生雌性后代,而雄性后代的产生是对环境信号的反应,当水体受到污染时有毒物质会影响水蚤的生长,干扰水蚤的生殖和发育,导致蚤类个体死亡。因此,目前常用水蚤的死亡率或运动受抑制率作为毒性测试指标。

运动受抑制(Immobilization)是指反复转动实验容器,15s 之内失去活动能力的大型蚤,被认为运动受抑制。即使其触角仍能活动,也应算做不活动的个体。

24h-EC_{50}、48h-EC_{50}指在 24 或 48h 内 50% 的受试蚤运动受抑制时被测物的浓度。

24h-LC$_{50}$、48h-LC$_{50}$指在 24 或 48h 内 50% 的受试蚤死亡时被测物的浓度，以受试蚤心脏停止跳动为其死亡标志。

四、实验仪器与试剂

1. 仪器

显微镜、血球计数板、溶解氧测定仪、pH 计、温度计、电导仪，100mL 烧杯（或结晶皿）、表面皿、量筒、容量瓶、移液管、吸管、玻璃缸、尼龙筛网。

2. 实验材料与试剂

大型蚤（（Daphnia Magna Straus）（甲壳纲，枝尼亚目））。保持良好的培养条件，使大型蚤的繁殖被约束在孤雌生殖的状态下。选用实验室条件下培养 3 代以上的、出生 6 ~ 24h 的幼蚤为实验蚤。实验蚤应是同一母体的后代。

实验用水：配制人工稀释水为实验用水。新配制的标准稀释水 pH 值为 7.8±0.2，硬度 250±25 mg/L（以 CaCO$_3$ 计）Ca/Mg 比例接近 4：1，溶解氧浓度在空气饱和值的 80% 以上，并不含有任何对大型蚤有毒的物质。

人工稀释水用电导率 10μS/cm（1 mS/m）以下的蒸馏水或去离子水按下述方法配制。

氯化钙溶液：将 11.76g 氯化钙（CaCl$_2$·2H$_2$O）溶于水中稀释至 1L。

硫酸镁溶液：将 4.93g 硫酸镁（MgSO$_4$·7H$_2$O）溶于水中稀释至 1L。

碳酸氢钠溶液：将 2.59g 碳酸氢钠（NaHCO$_3$）溶于水中稀释至 1L。

氯化钾溶液：将 0.25g 氯化钾（KCl）溶于水中稀释至 1L。

各取以上四种溶液 25mL 混合，稀释至 1L。必要时可用氢氧化钠溶液或盐酸溶液调节 pH 值，使其稳定在 7.8±0.2。标准稀释水应容许大型蚤在其中生存至少 48h，并尽可能检查稀释水中不含有已知的对大型蚤有毒的物质。例如，氯、重金属、农药、氨或多氯联苯。

重铬酸钾（K$_2$Cr$_2$O$_7$），分析纯。

五、实验步骤

（一）大型蚤的培育繁殖

大型蚤可以从其他实验室已有的纯培养中挑取、引种，也可以从野外采集。野外采集的蚤要经分离、纯化，在显微镜下鉴定后，选择体大、健康的母体数个，用 50mL 小烧杯单个培养。选择繁殖量最大的一代为母蚤，单克隆化，使之成为纯品系。用实验室培养的栅藻为大型蚤的饵料，用不含无机培养剂的栅藻扩大培养液喂养大型蚤，可以采用每周 3 次全部更换水蚤培养液的办法，也可以每天追加一次浓缩悬浮藻液，藻液的颜色以淡苹果绿色为宜。培养用水选用经自然曝气 3d 以上的自来水或人工配制的稀释水，大型蚤生存的适宜温度为 17±25℃，适宜的 pH 值为 6.5 ~ 8.5。

实验前从实验室储备缸中挑取 20 ~ 30 个怀卵母蚤，放在一个 2000mL 烧杯中单独培养。18h 后取走母蚤，幼蚤仍在原繁殖缸中培养 24h，此繁殖缸中的幼蚤即为出生 6 ~ 24h 的幼蚤。

(二) 实验液配制

1. 实验物质溶液的配制

实验物质可以是可溶于水的固体、液体或气体，但要求组分一定，具有代表性、重复性。易溶于水的实验物质可直接加入稀释水里，也可以溶解在蒸馏水或去离子水中配成储备液加入稀释水中配成实验液，每升稀释水中的储备液要少于 10mL (储备液应当低温保存)。难溶于水的物质，可用适当的方法，将其溶解和分散。包括使用超声波装置及其他低毒溶剂增溶。如果使用溶剂，溶剂在实验液中的浓度不应超过 0.5mg/L，并应在实验的同时设两个对照组，一组用稀释水，另一组用最大浓度的溶剂。

2. 工业废水实验液的制备

样品的采集及处理：采集废水样品时，应将采样瓶充满水样，不留空气。样品采集后应立即进行实验。如果样品采集后 6h 之内不能进行实验，则必须将水样冷冻保存 (0 ~ 4℃)，并应尽可能缩短水样在实验前保存的时间。生产流程用水不稳定的工业废水，应在 24h 之内，每隔 6h 瞬时采样一次，分别测定并求得其最大毒性。

废水样品可以用稀释水稀释配成不同浓度的实验液。

(三) 实验测定

(1) 检查大型蚤的敏感性及实验操作步骤的统一性，定期测定重铬酸钾的 24h-EC_{50}，目的是验证大型蚤的敏感性。在实验报告中报告 24h-EC_{50}。

(2) 正式实验之前，为确定实验浓度范围，必须先进行预备实验。预备实验选择较宽的浓度间距 (如 0.1、1、10)，每个浓度至少放 5 个幼蚤，通过预实验找出被测物使 100% 大型蚤运动受抑制的浓度和最大耐受浓度的范围，然后在此范围内设计出正式实验各组的浓度。

(3) 实验浓度的设计，根据预实验的结果确定正式实验的浓度范围，按几何级数的浓度系列 (等比级数间距) 设计 5 ~ 7 个浓度 (如 1、2、4、8、16 等比级系数为 2)。实验浓度要设计合理，浓度系列中以能出现一个 60% 左右和 40% 左右大型蚤运动受抑制或死亡的浓度最为理想。

(4) 实验用 100mL 烧杯 (或结晶皿) 装 40 ~ 50mL 实验液，置蚤 10 个。每个浓度至少有 2 ~ 3 个平行。一组实验液设一空白对照，内装相等体积的稀释水。实验前用化学方法测定实验液的初始浓度。

(5) 实验开始后应于 1、2、4、8、16 及 24h 定期进行观察，记录每个容器中仍能活动的水蚤数，测定 0 ~ 100% 大型蚤不活动或死亡的浓度范围，并记录它们任何不正常的行为。在计算实验蚤的不活动或死亡的百分数之后，立即测定实验液的溶解氧浓度。

六、结果与计算

1. 数据结果的处理

(1) EC_{50} (LC_{50}) 的计算。

实验结束，计算每个浓度中不活动的大型蚤或死亡蚤占实验总数的百分比，以浓度对数值 (X) 为横坐标，不活动蚤百分数换成概率值 (Y) 作为纵坐标，建立回归方程 $Y = a + bX$。

将 $Y=5$ 代入回归方程，求出 EC_{50}。

（2）结果的表示。

以 24h-EC_{50} 表示物质在相应时间内对大型蚤运动受抑制的影响。以 24h-LC_{50} 表示物质在相应时间内对大型蚤生存的影响。当浓度间距过近仍不能获得足够数据时，可采用使 100% 大型蚤活动受抑制或心脏停止跳动的最低浓度和使 0% 大型蚤活动受抑制或心脏停止跳动的最高浓度来表示毒性影响的结果。

检测排水时，以百分数或毫升/升表示。检测化学物质时，以毫克/升表示。

2. 实验结果与记录

将预实验结果和实验结果填入表 22-1 和表 22-2。

实验蚤种名：　　　　　来源：　　　　　数目：

蚤龄：　　　　　饵料：　　　　　驯养时间：

对照组是否发生死亡：

被测物质：

实验用稀释水性质：

实验环境：

水温：　　　pH：　　　DO：　　　电导：

实验条件下大型蚤的不正常行为，包括中毒症状：

表 22-1　　　　预实验结果（每个浓度 5 个大型蚤）（24h）

浓度，%	活动的大型蚤数目

表 22-2　　　　实验结果（24h）

浓度		24h 活动的大型蚤个数	不活动大型蚤	
百分浓度	浓度对数值		百分比	概率值

重铬酸钾 24h-EC_{50}：

回归方程：　　　　　　　　　　$r =$

24h-EC_{50}：　　　　　　　　　24h-LC_{50}：

七、注意事项

（1）预实验中应了解毒物的稳定性，标准稀释水中是否会出现沉淀、pH 值等理化性质的改变，以便确定正式实验是否需要采取流水或更换实验液及改变稀释水 pH 值等措施。

（2）对照组实验应不出现不活动大型蚤。

（3）重铬酸钾的 24h-EC_{50} 在 20℃ 时在 0.5～1.2ppm 的范围内，如果重铬酸钾的 24h-EC_{50} 在 0.5～1.2ppm 以外，则应检查实验步骤是否严格，并检查大型蚤的培养方式。如有必要，使用新的符合敏感要求的大型蚤品种。

（4）实验结束时溶解氧浓度必须大于或等于 2mg/L。

（5）必须经检测证明被测定的实验物质浓度保持于实验全过程（至少应为计划配制浓度的 80%）。如果浓度偏差>20%，应以测试浓度结果为准。

（6）如果所进行的实验需要使用其他稀释水或改变稀释水的 pH 值，应在实验报告中注明所用的性质。要求稀释水的硬度在 150～300mg/L（以 $CaCO_3$ 计）范围内，Ca/Mg 比例接近 4：1。pH 值不得低于 6.5 或不得高于 8.5，同一实验 pH 值波动不得大于 0.5。

八、思考与讨论

1. 废水毒性测试有哪些方法？各自的优缺点？
2. 大型蚤毒性测试过程需要注意哪些因素对于实验测定的影响？
3. 实验过程中出现哪些情况时，实验结果需要重新测定？

参考文献

[1] 孔繁翔. 环境生物学[M]. 北京：高等教育出版社，2000：96-110.
[2] FISHER D J，KNOTT M H. Acute and chronic toxicity of industrial and municipal effluents in Maryland，US[J]. Water Environmental Research，1998，70(1)：101-107.
[3] 沈燕飞，张咏，厉以强. 水质生物毒性检测方法的研究进展[J]. 环境科技，2009，22(Supp. 2)：68-72.
[4] 叶伟红，刘维屏. 大型蚤毒理试验应用与研究进展[J]. 环境污染治理技术与设备，2004，5(4)：4-7.
[5] GB/T 13266—91. 水质物质对蚤类(大型蚤)急性毒性测定方法[S]，1992.
[6] 赵红宁，王学江，夏四清. 水生生态毒理学方法在废水毒性评价中的应用[J]. 净水技术，2008，27(5)：18-24.

第二十三章 发光细菌毒理学试验的应用

一、目的与要求

(1)掌握发光细菌毒性测试的标准方法;

(2)学习根据发光细菌发光强度的变化判断受试化合物的毒性;

(3)初步了解发光细菌毒性测试的影响因素。

二、实验原理

生物发光是一种普遍存在的自然现象,能发出可见光的生物有发光细菌、真菌、放射虫类、甲壳类、萤火虫等。发光细菌属革兰氏阴性、兼性厌氧菌,大小为 $0.4 \sim 1.0 \times 1.0 \sim 2.5 \mu m$。无孢子、荚膜,有端生鞭毛一根或数根,最适温度为 $20 \sim 30 ℃$,pH 值为 $6 \sim 9$,NaCl 浓度为3%,0.3%的甘油对发光反应很有利。

发光是发光细菌的一种生理过程,在细菌发光体中,分子态的氧氧化还原态的黄素单核苷酸($FMNH_2$:reduced flavin mononucleotide)及长链脂肪醛,在这些反应中生成的能量直接以光的形式释放出来。反应过程是由分子氧作用、胞内细菌荧光酶催化,将 $FMNH_2$ 及长链脂肪醛(如十二烷醛)氧化为黄素单核苷酸(FMN:oxidized flavin mononucleotide)及长链脂肪酸,同时释放出波长为 $450 \sim 490nm$ 的蓝绿光。其化学反应过程为

$$FMNH_2 + RCHO + O_2 \xrightarrow{\text{细菌荧光毒酶}} FMN + RCOOH + H_2 + h\gamma$$

在这个反应模式中共有3种酶参与,分别为 FMN 还原酶、荧光素酶和脂肪酸还原酶。在这些特殊的氧化反应过程中能够产生 $115 \ k/mol$ 的自由能,这些足够的自由能能够使最后的产物处于激发态,从而能够产生 $490nm$ 的光子,大约折合能量为 $59 \ k/mol$。发光细菌生长初期发光很弱,对数生长中期发光强度达到高峰,稳定期时发光强度下降[1]。

这种发光过程极易受到外界条件的影响,凡是干扰或损害细菌呼吸或生理过程的任何因素都能使细菌的发光强度发生变化。发光细菌法[2]是利用灵敏的光电测量系统测定毒物对发光细菌发光强度的影响。毒物的毒性可以用 EC_{50} 表示,即发光细菌发光强度降低50%时毒物的浓度。发光细菌含有荧光素、荧光酶、ATP 等发光要素,在有氧条件下通过细胞内生化反应而产生微弱荧光。当细胞活性升高,处于积极分裂状态时,其 ATP 含量高,发光强度增强。发光细菌在毒物作用下,细胞活性下降,ATP 含量水平下降,导致发光细菌发光强度的降低。实验显示,毒物浓度与菌体发光强度呈线性负相关关系,因此,可利用发光细菌作为指示微生物,以发光强度的变化为指标,测定环境中有毒有害物质的

生物毒性，从而对环境中的污染物质进行监测和污染风险评价[3]。该毒性测试方法具有快速、简便、费用低廉等特点，其灵敏度可与鱼类 96h 急性毒性试验相媲美。由于发光细菌毒性测试技术具有应用范围广、灵敏度高、相关性好、反应速度快等优点，因而被广泛应用在环境监测中，近些年来，这一方法在工业废水、大气污染、河水水质、污染土壤的综合生物毒性的监测和评价中获得广泛应用[4]，发光细菌法除被用来测定水和土壤毒性外，还可用于测定微生物诱变剂和致癌剂的毒性、噬菌作用、抗菌素和血清的杀菌活性以及化合物毒性的初筛等。近些年来，这一方法在工业废水、大气污染、河水水质、污染土壤的综合生物毒性的监测和评价中获得广泛应用。

目前，发光细菌法已在水质、环境评价以及项目验收等方面得到应用，但这种方法亦存在细胞发光强度本质差异较大，检测期间发光自然变化幅度较宽、重现性不佳、误差较大等不足[5]。随着现代仪器在分析领域中的迅速发展，发光细菌法将和 GC、GC/MS、荧光、紫外等大型分析仪器相结合，逐步发展为在线监测系统，为水质分析提供更加快速、准确的测试手段。另外，为了使发光细菌法技术更加灵活、方便地应用于现场分析检测，其与新光电子技术(光纤技术、传感器技术)相结合也是未来发展的方向。其另一发展方向是和先进的化学分析方法相结合，为环境监测提供更加全面和细微的毒性分析。出于发光细菌法具有其独特的优点，以及世界各国对其的不断发展和完善，相信这一测试方法在环保事业中将发挥越来越大的作用。

三、仪器与试剂

1. 仪器

生物发光光度计；2、5mL 测试样品管；10μL 微量注射器；1mL 注射器；5mL 定量加液瓶；2、10、25mL 吸管；100mL 试剂瓶；100、500mL 量筒；50、250、1000mL 棕色容量瓶；10mL 半微量滴定管。

2. 试剂

明亮发光杆菌 T_3 小种(Photobacterium phosphoreum T_3 spp.)冻干粉，安瓿瓶包装，每瓶 0.5g，在 2~5℃ 冰箱内有效保存期为 6 个月。

氯化钠溶液，3g/100mL：氯化钠 3g 于玻璃容器内，用量筒加蒸馏水 100mL。

氯化钠溶液，2g/100mL：氯化钠 2g，加蒸馏水 100mL，于试剂瓶内，2~5℃ 保存。

氯化汞母液，$\rho=2000$mg/L：万分之一分析天平精称密封保存良好的无结晶水氯化汞 0.1000g 入 50mL 容量瓶，用 3g/100mL 氯化钠溶液稀释至刻度，置 2~5℃ 冰箱备用，保存期 6 个月。

氯化汞工作液，$\rho=2$ mg/L：用移液管吸氯化汞 2000mg/L 母液 10mL 入 1000mL 容量瓶，用 3g/100mL 氯化钠溶液定容。再用移液管吸取氯化汞 20mg/L 液 25mL 入 250mL 容量瓶，用 3g/100mL 氯化钠溶液定容。

氯化汞工作液稀释液，$\rho=0.10$mg/L：用半微量滴定管加氯化汞 2mg/L 液 2.5mL 入 50mL 容量瓶，用 3g/100mL 氯化钠溶液定容。

四、实验步骤

(一)发光细菌冻干菌剂复苏

(1)从冰箱 2 ~ 5℃室取出含有 0.5g 发光细菌冻干粉的安瓿瓶和氯化钠溶液,投入置有冰块的小号(1 ~ 1.5 L)保温瓶,用 1mL 注射器吸取 0.5mL 冷的氯化钠 2g/100mL 注入已开口的冻干粉安瓿瓶,务必充分混匀。2 min 后细菌即复苏发光(可在暗室内检验,肉眼应见微光),备用。

(2)仪器的预热和调零。

打开生物发光光度计电源,预热 15 min,调零,备用。

(3)仪器检验复苏发光细菌冻干粉质量。

另取一空 5mL 测试管,加 5mL 氯化钠 3g/100mL,加 10μL 复苏发光菌液,盖上瓶塞,用手颠倒 5 次以达均匀。拔去瓶塞,将该管放入各自型号仪器测试舱内,若发光量立即显示(或经过 5 ~ 10min 上升到)600mV 以上,此瓶冻干粉可用于测试。新制备的发光细菌休眠细胞(冻干粉)密度不低于每克 800 万个细胞;将冻干粉复苏 2 min 后即发光(可在暗室内检验,肉眼应见微光),稀释成工作液后每毫升菌液不低于 1.6 万个细胞(5mL 测试管)(稀释平板法测定)。在毒性测试仪上测出的初始发光量应在 600 ~ 1900mV 之间,低于 600mV 允许将倍率调至"×2"挡,高于 1900mV 允许将倍率调至"×0.5"挡。仍达不到标准者,更换冻干粉。菌液发光量先缓慢上升,持续 5 ~ 15 min,后缓慢下降,约持续 4h。满 4h 的 CK 发光量应不低于 400mV,低于者更换冻干粉。

(二)样品液的稀释

1. 样品的采集和保存

(1)采样瓶使用带有聚四氟乙烯衬垫的玻璃瓶,务必清洁、干燥。采集水样时,瓶内应充满水样不留空气。采样后,用塑胶带将瓶口密封。

(2)毒性测定应在采样后 6h 内进行。否则应在 2 ~ 5℃下保存样品,但不得超过 24h。报告中应写明水样采集时间和测定时间。

(3)对于含固体悬浮物的样品须离心或过滤去除,以免干扰测定。

2. 样品液测定前稀释的条件

样品液预试验:取事先加氯化钠至 3g/100mL 浓度的样品母液 2mL 装入样品管,并设一支 CK 管(氯化钠 3g/100mL 溶液),测定相对发光度。若相对发光度低于 50% 乃至零,则须稀释。样品液的稀释液一律用蒸馏水,在定容前一律按构成氯化钠 3g/100mL 浓度添加氯化钠或浓溶液(母液只能加固体)。

3. 样品液稀释浓度的选择

(1)探测试验。

按对数系列将样品液稀释成 5 个浓度:100%、10%、1%、0.1%、0.01%(它们的对数依次为 0、-1、-2、-3、-4),粗测一遍视 1% ~ 100% 相对发光度落在哪一浓度范围。

(2)试验。

在 1% ~100% 相对发光度所落在的浓度范围内再增配 6~9 个浓度(例如,若落在 0.1% ~10% 之间,则应稀释成 0.1%、0.25%、0.5%、0.75%、1%、2.5%、5%、7.5%、10%;若落在 1% ~10% 之间,则应稀释成 1%、2%、4%、6%、8%、10%),再测一遍。

(三)样品测定

(1)左侧仅放氯化汞 0.10mg/L 溶液管(作为检验发光细菌活性是否正常的参考毒物浓度,它反应 15 min 的相对发光度应在 50% 左右),右侧放样品稀释液管(从低浓度到高浓度依次排列),后一排放对照(CK)管,后二排放 CK 预试验管。每管氯化汞或样品液均配一管 CK(氯化钠 3g/100mL 蒸馏水溶液)。设 3 次重复。试管在试管架上的排列如表 23-1 所示。

表 23-1　　　　　　　　　　　　试管在试管架上的排列

后二排				$CK_{预试1}$　　$CK_{预试2}$							
后一排	CK	CK	CK	CK	CK	CK	CK	CK	CK	…	CK
前排	0.10	0.10	0.10	样1	样1	样1	样2	样2	样2	…	样 n
管群	氯化汞(mg/L)			样品							

(2)用 5mL 的定量加液瓶给每支 CK 管加 5mL 氯化钠 3g/100mL;用 5mL 吸管给每支样品管加 5mL 样品液。每个样品号换一支吸管。

(3)给各测试管加复苏菌液。

在发光菌液复苏稳定(约半小时)后,按样品测定方法所述,从左到右,按氯化汞或样品管(前)—CK 管(后)—氯化汞或样品管(前)—CK 管(后)……顺序,用 10μL 微量注射器(勿用定量加液器以减少误差)准确吸取 10μL 复苏菌液,逐一加入各管,盖上瓶塞,用手颠倒 5 次,拔去瓶塞,放回原位。每管在加菌液时务必精确计时,记录到秒,即为样品与发光菌反应起始时间。立即将此时间加 15 min,记作各管反应终止(也即应该读发光量)的时间。

(4)发光细菌与样品反应达到终止时间的读数。

按各管原来加菌液的先后顺序,当某管达到记录的反应终止时间,在不加瓶塞的情况下,立即将测试管放入仪器测试舱,读出其发光量(以光信号转化的电信号——电压 mV 数表示)。

(5)有色样品测定干扰的校正。

①拿掉仪器样品舱上的黑色塑料管口。

②取一 2mL 测试管(直径 12mm),加氯化钠 3g/100mL 溶液 2mL,将该管放进一装有少量氯化钠 3g/100mL 溶液的 5mL 管(直径 20mm)内,要使外管与内管的氯化钠 3g/

100mL 液面平齐。此作 CK 管。

③另取一 2mL 测试管，加氯化钠 3g/100mL 溶液 2mL，放入另一装有少量有色待测样品液的 5mL 管内，要使外管与内管的氯化钠 3g/100mL 液面平齐。此作 CK_c 管。

④于 CK 和 CK_c 二管的内管中同时加复苏发光菌液 10μL（注意：必须是本批样品测定所用同一瓶复苏菌液），立即计时到秒，等反应满 15 min，迅即放入仪器测试舱，测定二支带有内管的 5mL 测试管的发光量。分别记下发光量 L_1（CK 管）和 L_2（CK_c 管）。

⑤计算因颜色引起的发光量（mV）校正值 $\Delta L = L_1 - L_2$。

⑥按常规步骤测试带色样品管及其 CK 管（氯化钠 3g/100mL 溶液）的发光量（mV）。所有 CK 管测得之发光量（mV）均须减去校正值 ΔL（mV）后才能作为 CK 发光量（mV）。

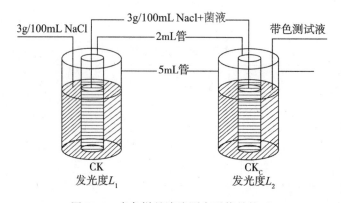

图 23-1　有色样品溶液测定干扰的校正

五、结果与计算

（1）计算样品相对发光度（%），并算出平均值。

$$相对发光度（\%） = \frac{氯化汞管或样品管发光量（mV）}{CK 管发光量（mV）} \times 100$$

$$\frac{相对发光度（\%）}{平均值} = \frac{（重复1）（\%）+（重复2）（\%）+（重复3）（\%）}{3}$$

（2）建立并检验样品稀释浓度（c）与其相对发光度（T）% 均值的相关方程。求出一元一次线性回归方程的 a（截距）、b（斜率、回归系数）和 r（相关系数），列出方程：

$$T = a + bc_{样}$$

查相关系数显著水平（P 值）表，检验所求 r 值的显著水平。若 $P \leqslant 0.05$，则所求相关方程成立；反之，不能成立，须重测样品稀释系列浓度的发光量。

（3）样品毒性的表达。

将 $T = 50$ 代入以上建立的相关方程，求出样品的 EC_{50} 值。这里的 EC_{50} 值以样品的稀释浓度（一般用百分浓度）表示。

（4）测定记录。将实验数据填入表 23-2。

表 23-2　　　　　　　　　**样品急性毒性发光细菌测定法实验记录**

测定日期：　　　　　测定人：　　　　　　提取方式：

分析号	加菌液时间（反应时间，读到秒）	测定时间（反应 分钟，读到秒）	发光量（mV）	相对发光度 L,%（样品/CK×100%）	均值 $\overline{L}_x$	抑制发光率,% 1L=100-L	备注

$$L=a+bc,\qquad a=\qquad b=$$

回归方程　　　　　$r=$　　　　　　$P<$

(5)测定结果报告。

采样地点：　　　　日期：　　　　时间：

实验室室温：

样品稀释百分浓度与相对发光度的相关方程：

$$T=a+bc$$

$r=$　　　　$P\leqslant$　　　　$EC_{50氯化汞}=$　　　　mg/L

样品 EC_{50} 值：

六、注意事项

(1)同一批样品在测定过程中要求温度波动不超过±10℃。且所有测试器皿及试剂、溶液测前 1h 均置于控温的测试室内。

　　(2)若须测定包括 pH 值影响在内的急性毒性，不应调节水样 pH 值。若须测定排除 pH 值影响在内的急性毒性，须将水样和 CK(氯化钠 3g/100mL) pH 值测前调至下值；主要含 Cu 水样为 4.5，主要含其他金属水样为 5.4，主要含有机化合物水样为 7.0。

　　(3)本法只能测定包括溶解氧影响在内的急性毒性。

　　(4)0.10mg/L 的氯化汞工作液稀释液保存期不应超过 24h，超过者务必重配后测定。

　　(5)氯化汞为有毒物质，使用过程中应注意安全。

　　(6)平行样品的处理或测试要注意操作时间的一致性，每管加菌液间隔时间勿短于 30 s。

七、思考与讨论

　　1. 实验过程中，误差的主要来源有哪些？

　　2. 实验过程中影响毒性测试的因素有哪些？影响如何？

　　3. 发光细菌毒性实验的重复性和稳定性如何？如何提高？

参考文献

[1] 方战强，陈中豪，胡勇有，等. 发光细菌法在水质监测中的应用[J]. 重庆环境科学，2003，25(2)：56-58.

[2] Thomtdka K W, et al., Use of bioluminesecent baeterium photobacterium phosphoreum to detect potentially biohazardous materials in water [J]. Bull. Environ. ContamToxicol.，1993，51(4)：538.

[3] 韦东普，马义兵，陈世宝，等. 发光细菌法测定环境中金属毒性的研究进展[J]. 生态学杂志，2008，27(8)：1413-1421.

[4] 杜晓丽，徐祖信，王晟，等. 发光细菌法应用于环境样品毒性测试的研究进展[J]. 工业用水与废水，2008，39(2)：13-16.

[5] 黄正，汪亚洲，王家玲. 细菌发光传感器在快速检测污染物急性毒性中的应用[J]. 环境科学，1997，18(4)：14-17.

[6] GB/T15441-1995，水质急性毒性的测定发光细菌法[S].

第二十四章　EPI 软件在有机物环境化学性质 与行为参数估算中的应用

一、背景知识

EPI(Estimation Programs Interface) Suite 是由美国国家环保局(U. S. EPA) 与美国 SRC 公司(Syracuse Research Corporation)联合开发的软件。这套软件包括了 11 个独立的有机物性质估算软件和 1 个外壳软件，可以对生物降解、光降解及水解反应速率常数、lg K_{ow}、BCF、亨利常数、熔沸点、饱和蒸汽压、K_{oc} 及毒性指标等性质参数进行估算。EPI Suite 还集成了加拿大多伦多大学的 Mackay 提出的第三级(Level Ⅲ)逸度算法(Fugacity Approach)多介质模型，用于估算化合物在各环境介质中的分布百分数，进而计算各介质中的半衰期。软件支持批处理，可以自动顺序处理多个物质[1]，在环境化学研究中受到关注[2]。本文简单地对 EPI Suite 软件及其在环境内分泌干扰物双酚 A 的化学性质估算应用进行说明，有益于读者在相关研究和学习中选择应用。

和其他很多软件一样，EPI Suite 有在 Windows、Unix、Linux 等不同操作系统的版本，本文的操作是在 Windows 界面下完成的，所用版本为 EPI V3. 12。EPI Suite 的安装很简单，在 Win95/98/2000/XP 等版本下都可以进行安装，所需硬盘空间亦很小几十兆即可，可以在其主页下载安装软件然后根据提示进行安装。EPI Suite 运行的界面如图 24-1 所示。

EPI Suite 使用 SMILES(Simplified Molecular Input Line Entry Specification)即简化分子线性输入规范作为输入语言，是一种用 ASCII 字符串明确描述分子结构的规范。SMILES 字符串可以被大多数分子编辑软件导入并转换成二维图形或分子的三维模型。SMILES 由 David Weininger 于 20 世纪 80 年代晚期开发，并由其他人，尤其是日光化学信息系统有限公司(Daylight Chemical Information Systems Inc.)进行修改和扩展。其输入法则与国际纯粹与应用化学联合会(IUPAC)推荐的 InChI(IUPAC International Chemical Identifier)线形记法相似但又不尽相同。SMILES 分为典型 SMILES 和异构 SMILES 两种。SMILES 输入法主要遵循以下几个原则。

典型 SMILES 包括：

(1)原子用在方括号内的化学元素符号表示。例如[Au]表示"金"，氢氧根离子是[OH−]。有机物中的 C、N、O、P、S、Br、Cl、I 等原子可以省略方括号，其他元素必须包括在方括号之内。

(2)氢原子常被省略。对于省略了方括号的原子，用氢原子补足价数。例如，水的 SMILES 就是 O，乙醇是 CCO。

(3)双键用"＝"表示；三键用"#"表示。含有双键的二氧化碳则表示为 O ＝C ＝O，

图 24-1　EPI Suite 的运行界面

含有三键的氰化氢则表示为 C#N。

（4）如果结构中有环，则要打开。断开处的两个原子用同一个数字标记，表示原子间有键相连。环己烷（C_6H_{12}）表示为 C1CCCCC1。需要注意，标志应该是数字（在此例中为 1）而不是"C1"这个组合。扩展的表示是（C1）—（C）—（C）—（C）—（C）—（C）—1 而不是（C1）—（C）—（C）—（C）—（C）—（C）—（C1）。芳环中的 C、O、S、N 原子分别用小写字母 c、o、s、n 表示。

（5）碳链上的分支用圆括号表示。比如丙酸表示为 CCC（=O）O，FC（F）F 或者 C（F）（F）F 表示三氟甲烷。

异构 SMILES：异构 SMILES 是指扩展的，可以表示同位素、手性和双键结构的 SMILES 版本。它的一个显著特征是可以精确的说明局部手性。双键两侧的结构分别用符号 / 和 \ 表示，例如，Cl/C=C/Cl 表示反二氯乙烯，它的两个氯原子位于双键的两侧，如图 24-2（a）。而 Cl/C=C\Cl 表示，它的两个氯原子位于双键的同一侧，如图 24-2（b）。

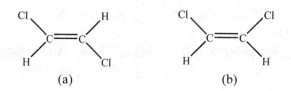

(a)　　　　　　　　　　　　　(b)

图 24-2　（a）反二氯乙烯　（b）顺二氯乙烯

下面以双酚 A（Bisphenol A）为例介绍一下 EPI Suite 的使用。如果知道双酚 A 的

SMILES 式就可以直接在 Enter SMILES 一栏中输入，如果不知道可以先在 Chem Name 一栏下方点击 NameLookup，然后在出现的对话框中输入其英文名字 Bisphenol A，点击 OK 按钮，会出现另外一个对话框。此条会被蓝色点亮，名字后面的一项是其对应的 CAS Number，再点击 OK 键就会返回到主页面，此时 Enter SMILES 一栏中就会有它的 SMILES 式。在计算前可以先在菜单栏中 Output 一项中对输出结果进行设置然后点击 CALCULATE，系统就自动运行输出结果。

　　输出结果有两个窗口：一个是 Structure 窗口，另外一个是 EPI Results 窗口。在 Structure 窗口里面会显示输入物质的分子结构图、分子量、分子式、CAS Number 及其英文名字。在 EPI Results 窗口中就是输入物质的各种参数的估算值。结果的输出和编辑都可以在此窗口中进行，窗口界面如图 24-3 所示。默认的保存路径是到安装文件夹中，当然可以对其进行修改。

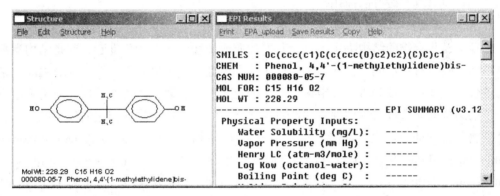

图 24-3　结果输出窗口

　　在 Structure 窗口中只有双酚 A 的分子结构图、分子量、分子式、CAS Number 及其英文名字五项，结果比较简单，下面主要对 EPI Results 窗口进行说明。在虚线上面的一块就是双酚 A 的 SMILES 式、英文名字、CAS Number、分子式及其分子量的输出结果。Physical Property Inputs 一项中主要是在计算前对要计算的物质性质限制。输出的第一项结果是 logKow，在结果中首先的一行是软件估算值，下面一行是在其数据库中的试验值，最后一行是试验值的文献来源。在后面的熔沸点、BCF、亨利常数等项中其结果的输出格式和 logKow 的计算输出模式是一样的。

　　基本的操作就如上文所示，更多的运用还需要使用者在实践中慢慢体会。需要指出的是这里的参数值都是估算值，可以对我们的科学研究进行指导。但是，如果与实际实验值不一致应以实验值为准。

二、目的与要求

　　(1)在了解基本原理的基础上，掌握 EPI 软件的基本使用方法。

　　(2)采用 EPI 软件中的组件逸度模型(Level Ⅲ)估测 HBCD 及其主要代谢产物在空气、水、土壤沉积物中的分布情况，从而了解其环境行为，学会 EPI 软件输出结果的解读和应用。

(3)了解分子结构绘图软件中 SMILES 编码的获得方法。

三、实验原理

1. 基团贡献法(碎片贡献法)

基团贡献法(Group Contribution Method)或称碎片贡献法(Fragments Contribution Method)假定纯物质或混合物的物性等于构成此化合物或混合物的各种基团对此物性的贡献值的总和;同时在任何体系中,同一种基团对于某个物性的贡献值都是相同的。按照根据大量已知化合物某种物性参数对于常见基团对该物性参数的贡献值和必要的校正值,对目标化合物的该物性参数进行基于基团贡献的加和计算,就获得了目标化合物物性参数的估算值。一些基团法不依赖于任何其他物性,但有的基团法关系式中需要其他物性参数。基团法的优点是具有较好的通用性。

2. 结构-活性相关与性质-性质相关

本质上,化合物的结构决定了其所有的性质或活性,从数学角度看,就是结构参数与性质参数之间具有一定的相关性。基于这个基本原理,化合物的不同性质参数之间也是具有相关性的。通过统计分析,确定化合物物理化学性质参数之间的相关性,或是确定化合物分子的结构性质参数与其物理化学性质参数之间的相关性,建立相应的计算模型,从而估算其物理化学性质参数,前者称为定量性质-性质相关(Quantitative Properties-Properties Relationship,QPPR)方法,后者称为定量结构-性质相关(Quantitative Structure-Properties Relationship,QSPR)方法(如图24-4所示)。另外一种方法为定量结构活性相关(Quantitative Structure-Activity Relationship,QSAR)方法。

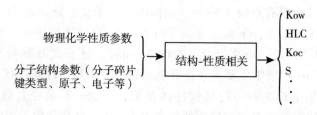

图 24-4　结构-性质相关方法示意

四、实验仪器

PC 电脑(WindowsXP 以上系统),EPI Suite 软件 3.11 版(2000 年)。

五、实验方法

(1)安装 EPI 软件,了解其界面及基本使用方法。

(2)有条件情况下,可以通过 Chemoffice 软件中 ChemDraw 组件,利用化合物名称输入得到化合物分子结构的方法，或者直接绘制的方法，获得六溴环十二烷及其主要降解产物(四溴环十二烯、二溴环十二碳二烯和环十二碳三烯)的分子结构与 SMILES 编码；没有条件的情况下，可以根据 SMILES 编码规律直接编写。

(3)将获得的 SMILES 编码分别输入到 EPI Suite 软件的相应模块中对其环境参数进行分别估算，或直接使用 EPI Suite 集成模块进行所有参数的估算。

(4)以六溴环十二烷 HBCD 为例，其利用 SMILES 编码输入后得到的分子结构如图 24-5 所示；采用碎片法估算其 Kow 的结果如图 24-6 所示；采用性质-性质相关分析得到的 BCF 和 Koc 的结果分别如图 24-7 和图 24-8 所示。

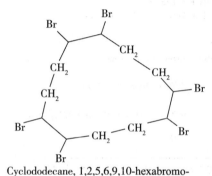

Cyclododecane, 1,2,5,6,9,10-hexabromo-

图 24-5　HBCD 分子结构图

| Log Kow (version 1.67 estimate)：7.74 |

SMILES　　：BrC(C(Br)CCC(Br)C(Br)CCC(Br)C(Br)C1)C1
CHEM　　　：Cyclododecane, 1, 2, 5, 6, 9, 10-hexabromo-
MOL FOR：C12 H18 Br6
MOL WT：641.70

TYPE	NUM	LOGKOW FRAGMENT DESCRIPTION	COEFF	VALUE
Frag	6	–CH2– [aliphatic carbon]	0.4911	2.9466
Frag	6	–CH [aliphatic carbon]	0.3614	2.1684
Frag	6	–Br [bromine, aliphatic attach]	0.3997	2.3982
Const		Equation Constant		0.2290

Log Kow　　=　　7.7422

图 24-6　HBCD 的 Kow 估算数据

六、实验结果记录与处理

(1)将估算得到的六溴环十二烷及其代谢产物的主要环境参数列于表 24-1。根据表 24-1 的结果说明 HBCD 及其代谢产物的环境行为的可能规律。

Log BCF (V2.15 estimate) : 3.79

SMILES   : BrC(C(Br)CCC(Br)C(Br)CCC(Br)C(Br)C1)C1
CHEM   : Cyclododecane, 1, 2, 5, 6, 9, 10–hexabromo-
MOL FOR : C12 H18 Br6
MOL WT : 641.70
------------------------------ Bcfwin v2.15 -----------

Log Kow (estimated) : 7.74
Log Kow (experimental) : not available from database
Log kow used by BCF estimates : 7.74 (user entered)

Equation Used to Make BCF estimate:
    Log BCF = −1.37 log Kow + 14.4 + Correction

        Coggrection (s):   Value
            No Applicable Correction Factors

    Estimated Log BCF = 3.793 (BCF = 6211)

图 24-7　HBCD 的 BCF 估算数据

KOC (estimated) : 1.25e+005

SMILES   : BrC(C(Br)CCC(Br)C(Br)CCC(Br)C(Br)C1)C1
CHEM   : Cyclododecane, 1, 2, 5, 6, 9, 10-hexabromo-
MOL FOR : C12 H18 Br6
MOL WT : 641.70
-------------------------- PCKOCWIN V1.66 Results ---------------------------

First Order Molecular Connectivity Index   .... :   8.414
Non-Corrected Log Koc   .... :   5.0971
Fragment Correction (S) - ->NONE   :   − − −
Corrected Log Koc   .... :   5.0971

        Estimated Koc :   1.251e+005

图 24-8　HBCD 的 Koc 估算数据

表 24-1　　　　　　　　六溴环十二烷及其代谢产物主要环境参数

化学物质	参　数		
	logKoc	logKow	logBCF
六溴环十二烷 HBCD	6. 717	7. 74	3. 760
四溴环十二烯 TBCDe			
二溴环十二碳二烯 DBCDde			
环十二碳三烯 CDte			

（2）将采用 EPI 软件中的组件逸度模型（Level Ⅲ）估测的 HBCD 及其主要代谢产物环境分布结果列于表 24-2。根据表 24-2 的估算结果说明 HBCD 及其代谢产物的环境存在特点及其意义。

表 24-2　　　　　　　逸度模型（Level Ⅲ）估测 HBCD 及其代谢产物的环境分布

环境介质(%)	化学物质			
	六溴环十二烷	四溴环十二烯	二溴环十二碳二烯	环十二碳三烯
空气	0.327			
水	7.88			
土壤	76.2			
沉积物	15.6			

七、思考与讨论

1. 举例说明 EPI Suite 软件在环境化学研究中的应用。
2. 说明模型估算环境化学参数的优缺点以及应用中需要注意的问题。
3. 利用 EPI 软件的组件（ECOSAR）对六溴环十二烷及其代谢产物毒性进行估算，并与表 24-3 中数据进行比较。说明这些结果可以表明的规律。

表 24-3　　　　　　　HBCD 及其代谢产物的毒性估算（ECOSAR v0.99g）

生物	持续时间	终点	估算值 mg/L（ppm）；（对蚯蚓的 LC50 单位为 mg/kg（ppm）干土）			
			HBCD	TBCDe	DBCDde	CDte
鱼	14-day	LC50	0.009 *	0.029 *	0.089 *	0.203
鱼	96-hr	LC50	0.00191	0.007	0.025	0.064
鱼	14-day	LC50	0.009 *	0.029 *	0.089 *	0.203
大型蚤	48-hr	LC50	0.003	0.011	0.036	0.088
绿藻	96-hr	EC50	0.003	0.009	0.029	0.067
鱼	30-day	ChV	0.000622	0.002	0.006	0.015
大型蚤	16-day	EC50	0.00193	0.005	0.012	0.021
绿藻	96-hr	ChV	0.007 *	0.016	0.033	0.050

续表

生物	持续时间	终点	估算值 mg/L(ppm);(对蚯蚓的 LC50 单位为 mg/kg(ppm)干土)			
			HBCD	TBCDe	DBCDde	CDte
鱼(SW)	96-hr	LC50	0.007*	0.019*	0.045	0.079
糠虾	96-hr	LC50	9.17e-006	5.96e-005	0.000355	0.00155
蚯蚓	14-day	LC50	67.362*	86.105*	98.658*	84.609*

注：TBCDe：Tetrabromocyclododecene；DBCDde：Dibromocyclododecadiene；CDte：1，5，9-cyclodo-decatriene；ECOSAR 分类：中性有机物。

* = asterick designates：Chemical may not be soluble enough to measure this predicted effect. Fish and daphnid acute toxicity log Kow cutoff：5.0。Green algal EC50 toxicity log Kow cutoff：6.4。Chronic toxicity log Kow cutoff：8.0；MW cutoff：1000。

参考文献

[1] Estimation Program Interface (EPI) Suite [EB/OL]. http：//www. epa. gov/oppt/exposure/docs/episuite. htm

[2] 黄俊，余刚，等. 中国持久性有机污染物嫌疑物质的计算机辅助筛选研究[J]. 环境污染与防治，2003，25(1)：16-19

第二十五章　城市生活污水中内分泌干扰物的测定

一、背景知识

PPCPs(Pharmaceuticals and Personal Care Products)即药物和个人保健品的总称，它包括处方药和非处方药、诊疗剂、香料、化妆品以及其他许多拥有很高生化活性的化合物；种类繁多，应用广泛，除了人体外用或摄取，还用于宠物及其他家养动物(如饲料添加剂)。这一类化学物质在人类生产生活中广泛使用，与日常生活密切相关。但是过去对它们进入环境后可能带来的环境效应却很少被人们了解和关注。

生活中，个人保健品比药品消费量更大。这些药物因其疗效面向不同的生化受体而具有明显的生物活性。目前有两类药物的影响受到更多的关注，一种是抗生素，由于人们的滥用和误用而相对提高了病原体的耐药性及抗药性，这是最近关注的焦点；另一种便是性激素，包括天然的、内原的，尤其是那些用于生育控制的雌激素以及人造的类似物，例如雌二醇类污染物，甾族化合物尤其是性激素有扰动或调节荷尔蒙(或内分泌)系统的能力。此外，某些其他的PPCPs以及多种人造化合物均具有内分泌活性。总之，这些内分泌干扰物给水生环境造成的影响是在ppt浓度水平使雄性鱼雌性化以及改变两性的行为。由于荷尔蒙系统对绝大多数生物的生长、功能和繁殖具有重要意义，因此这些化合物对水环境还会有许多其他的一些影响。而抗生素的抗药性及荷尔蒙效应仅仅是众多负面影响中的两个。其他的类似于神经系统方面的影响因其太微妙而尚未引起我们的广泛关注，但是这种影响日积月累总有一天会形成重大的外在效应。

污水处理厂(Sewage Treatment Works，STWs)并没有专门的措施去除PPCPs。STWs处理的重点仍然还是纳入标准体系的为数不多的污染物，而经过处理后的排水仍然含有一系列复杂的化合物，其中就包括PPCPs。由于人类使用的PPCPs通过污水处理厂不断排入环境，要考虑生物体同时暴露于多种生物活性物质，对其进行风险评价很有必要。目前环境中的PPCPs对野生动物的影响尚不清楚，它们的代谢途径和潜在的受体与人类不同。单个药物在环境中的累积很低，但其联合作用不可忽视。这些药物化合物在水生生物体内可能得到富集，从而产生明显的变化。有必要扩展研究污染物的范围，从传统的污染物到生物活性化学物质。需要我们将对环境内分泌干扰物研究的一部分注意力从传统的污染物转到PPCPs。

由于PPCPs较高的极性，它们在水体中的分布及状态与原始结构和性质有关，而且这些分布的水体不仅包括地表水，还包括地下水。环境中的非研究有机体无疑处于将暴露于这类毒害的风险之中，特别是接近PPCPs排放口的那些水生生物。而人类则由于饮水得到更深度的去污处理受到的风险相对较小。更进一步，水体中千千万万的水生生物世世代代都持续地暴露在这种风险当中，而人体则是通过长期却间断地饮用含有超低浓度PPCPs水进行暴露的。这些风险很难估计，主要因为环境中可测得的浓度非常低，数量级小到 ppb。此外，人们对于生物体暴露后的可能效应也不太了解。PPCPs 在饮水中出现的几率更小，浓度更是低至 ppt 级。

2000 年以来涌现出了大批针对环境中 PPCPs 各个方面的研究论文。美国环境保护机构也开辟了一个致力于该主题的网站。尽管环境中的 PPCPs 得到了各个领域科学家们的关注，但是随着研究的深入，越来越多的问题将会产生，前方仍然存在着更大的未知领域。目前国内外对来自环境样品里的某些典型 PPCPs 残留建立了一些样品前处理方法及相关的检测技术。部分环境中 PPCPs 的检测方法举例如表 25-1 所列。

表 25-1　　　　　　　　　　　　部分环境中 PPCPs 的检测方法

分析对象	环境样品	样品前处理	色谱技术	检测器
Ciprofloxacin （环丙氟哌酸）	地表水	SPE	HPLC	FLD MS^2
Chloramphenicol （氯霉素）	废水	SPE	GC HPLC	MS MS^2
Diazepam （安定）	地表水 废水	SPE SPE	HPLC GC HPLC	MS^2 MS MS^2
Erythromycins （红霉素）	水样	SPE	HPLC	MS
Ibuprofen （布洛芬）	地表水	LLE SPE	HPLC	CE-MS
Acetylsalicylic acid （阿司匹林）	地表水	SPE	HPLC	MS^2
Primidone （普里米酮）	地表水	SPE	HPLC GC	MS
环境内分泌干扰物	地表水	SPE	LC	MS^2
雌激素类	地表水	SPE	LC	MS
雌激素类	地表水	SPE	GC	MS FID

前人研究表明，HLB 柱对我国 7 种典型的抗生素有较好的富集作用(氧氟沙星、诺氟沙星、罗红霉素、红霉素、磺胺嘧啶、磺胺二甲嘧啶和磺胺甲恶唑等)。

二、目的与要求

本实验针对我国实际应用的药物情况，就PPCPs中几种主要的类别（如抗生素和环境激素）在武汉部分水体中的浓度水平情况进行检测。检测的主要对象是我国应用较广泛的几种典型的抗生素和雌激素。通过上述实验内容达到以下教学目的：

(1)掌握水样中痕量有机污染物测试的基本流程；

(2)学习使用固相萃取和氮吹仪对样品进行富集浓缩处理；

(3)学习GC-MS与LC-MS的基本结构与使用方法；

(4)了解GC-MS和LC-MS数据的处理方法。

三、实验原理

痕量有机污染物通过固体吸附剂富集，然后被小体积有机溶剂洗脱，体积变化后，使得有机物浓度得到较大提高，然后对洗脱液通过氮吹仪挥发溶剂减小体积，从而进一步提高待测样品中有机污染物的浓度，以满足分析仪器的检测限要求。色谱分离以及质谱检测的原理参考其他教科书。

气相色谱法（Gas Chromatography，GC）和高效液相色谱法（High Performance Liquid Chromatography）是两种应用非常广泛的分离手段。前者是以气体作为流动相的柱色谱法，而后者的流动相是液体。这2种色谱法的分离原理都是基于样品中的组分在两相间分配上的差异。气相色谱法虽然可以将复杂混合物中的各个组分分离开，但其定性能力较差，通常只是利用组分的保留特性来定性，这在欲定性的组分完全未知或无法获得组分的标准样品时，对组分定性分析就十分困难了。随着质谱（Mass Spectrometry，MS）、红外光谱及核磁共振等定性分析手段的发展，目前主要采用在线的联用技术，即将色谱法与其他定性或结构分析手段直接联机，来解决色谱定性困难的问题。气相色谱-谱联用（GC-MS）是最早实现商品化的色谱联用仪器。但是对于热稳定性差或不易挥发的样品难以用GC分析，却易于被LC分析。据统计，GC能分析15%～20%的有机物，而LC能分析的有机物占总数的85%，可见，液相色谱-谱联用（LC-MS）具有更大的优势与分析潜力。

四、实验材料与仪器设备

1. 实验材料

SPE吸附小柱（HLB和C18）、普通滤纸、0.45μm滤膜、H_2SO_4、甲醇、乙腈、正己烷、二氯甲烷、三氟乙酸酐（TFA）、吡啶、MSTFA（N-甲基-N-三甲基硅基-三氟乙酰胺）、超纯水、N_2气。

2. 仪器设备

固相萃取装置（IST公司）、氮吹仪（上海安普公司）、GC-MS（Thermo Finnigan Trace DSQ）；LC/MS（Agilent 1100 LC/MSD SL）

五、实验方法

1. 采样

在城市主要水体设置若干采样点，对于城市污水处理厂排污口的上下游可分别采样做对比分析。每个采样点取自水面下深约 1m 处，各取 20L 水样。

2. 水样的预处理

将所取水样用 H_2SO_4 调节水样 pH 值至 3，将上清液通过 0.45μm 滤膜真空抽滤。利用以苯乙烯-二乙烯苯共聚物为主体的 HLB（亲水亲酯固相萃取柱）固相萃取柱。HLB 固相萃取柱预先采用 3×2mL 甲醇、3×2mL 超纯水分别进行淋洗处理，将水样倾入并控制流速约为 10mL/min。柱富集完成后，将柱于 N_2 保护下干燥 1h，最后用 2mL 甲醇淋洗 3 次，洗脱液收集于 10mL 具塞离心管中，在室温下用 N_2 吹扫至近干。最后用乙腈-水（60∶40）定容至 1mL，待测。

3. 抗生素类药物的 LC-MS 分析

色谱条件：色谱柱，ODS-P（4.6mm×250mm，DIKMA），进样量 20μL，流动相为乙腈（A）和 0.2% 甲酸溶液（B），流速 0.4mL/min；梯度淋洗程序，40% A 保持 8min，然后在 2min 内把 A 线性增加到 60% 并保持 15min，随后在 5min 内降低 A 至 40% 并保持 5min。

质谱条件：离子源为 ESI 源；离子源 Ⅰ（GS1）和 Ⅱ（GS2）的气体流量分别为 20mL/min 和 40mL/min，各离子源的碰撞气和气帘气流量分别为 6mL/min 和 15mL/min，气体均为 N_2；辅助加热器温度 450℃；电离电压 5500V；检测方式为多反应选择监测（MRM）离子模式。该法对目标物有高的选择性和较低的检出限（能达到 ng/L）。

4. 雌激素类样品分析的水样预处理

采样后立即处理，不能立即处理的样品应放入 20℃ 冰箱冷藏保存，并在 24h 内进行处理。先用普通滤纸过滤掉较大的悬浮物等，再用 0.45μm 滤膜真空抽滤。用 C_{20} 处理过的 400mgC-18 固相萃取柱过水样，流速为 1~2mL/min，过柱后用 3mL 蒸馏水洗该小柱，后用平稳 N_2 流吹 20min，以除去小柱固定相中的水。用甲醇∶正己烷∶二氯甲烷=0.5∶3∶3 的洗脱液 9mL 洗脱，收集淋洗液于硅烷化的瓶中。在 35℃ 用微氮气流吹干洗脱液，密封。

5. 雌激素类样品分析样品的衍生化处理

在上述干燥的浓缩样品中加入 200μL 正己烷，300μL 三氟乙酸酐（TFA），密封后并置于 90℃ 烘箱中加热 40min。冷却至室温后，用平稳氮气流吹干溶剂，用三氯甲烷将瓶中的样品溶液转移（转移 3 次）至塑料瓶中。用氮气将样品浓缩至 0.1mL，密封待分析；或在浓缩样品中加入 50μL 吡啶和 100μL 的 MSTFA（N-甲基-N-三甲基硅基-三氟乙酰胺），密闭放置 50min，然后加入 100μL 正己烷，在 100℃ 加热 100min，冷却后进行色谱分析。

6. 雌激素类样品分析样品的 GC-MS 分析

色谱分析程序为：初始温度 80℃，保持 2min，以 10℃/min 的速度升温至 250℃，保持 15min，再以 1℃/min 的速度升至 260℃，保持 20min。衍生化样品的色谱分析采用不分流进样方式，TFA 酰化样品用针尖浓缩法定量注入 20μL，硅烷化样品进样 2μL。样品中目标组分的确定采用与标样对照和 GC-MS 法定性。质谱条件：电离源：电子轰击源（EI）

70eV，接口及离子源250℃，离子化电流300μA，检测方式：全扫描模式，扫描范围40～450amu。

六、实验结果记录与处理

1. 定性分析

利用获得的 MS 结果，参考有关文献，通过典型的定性碎片峰和分子离子峰，确定水样中存在的 PPCPs 类别。

2. 定量分析

在标准品齐备的条件下，通过外标法定量，绘制标准曲线，计算 PPCPs 的浓度；在标准样品缺少情况下，采用简单的归一化法处理实验数据。实验结果列于表25-2。

表 25-2　　　　　　　　　　　实 验 结 果

标准系列	0	1		2	3	4		5
浓度(μg/L)								
峰面积								
标准曲线								
样品	空白			水样 1#			水样 2#	
峰面积								
浓度								
平均浓度								
相对偏差								

七、思考与讨论

1. 参考提供的背景资料，结合实验结果，谈谈所在城市主要地表水体中 PPCPs 污染物的来源与存在情况。

2. 比较 GC 与 LC 在有机污染物分析上的特点。GC-MS 和 LC-MS 有什么区别？

3. 举例说明其他有机污染物测试样品预处理的方法。

参考文献

[1] 邓南圣，吴峰. 环境中的内分泌干扰物[M]. 北京：化学工业出版社，2004.

[2] 石璐，周雪飞，张亚雷，等. 环境中药物与个人护理品(PPCPs)的分析测试方法[J]. 净水技术，2008，27(5)：56-63.

[3] 胡洪营，王超，郭美婷. 药品和个人护理用品(PPCPs)对环境的污染现状与研究进展[J]. 生态环境，2005，14(6)：947-952.